民用飞机典型部件故障诊断和故障传播分析技术

陈玖圣　刘贵行　郭润夏　张晓瑜　陈　烁　著

航空工业出版社

北京

内 容 提 要

本书阐述了民用飞机典型部件故障诊断和故障传播分析的基本原理，针对飞机维修业务的实际需求，重点介绍了发动机涡轮盘故障检测技术、电动舵机故障诊断技术和飞行控制系统故障传播分析技术。

在介绍算法和理论的推导过程后，再通过实验验证的形式予以佐证，实用性较强，对推动民用飞机维修领域的理论进步及提升工程实践水平具有重要意义。

图书在版编目（CIP）数据

民用飞机典型部件故障诊断和故障传播分析技术 /
陈玖圣等著 . -- 北京 ：航空工业出版社，2024. 8.
ISBN 978-7-5165-3800-5

Ⅰ. V271. 1

中国国家版本馆 CIP 数据核字第 2024TU0726 号

民用飞机典型部件故障诊断和故障传播分析技术
Minyong Feiji Dianxing Bujian Guzhang Zhenduan
he Guzhang Chuanbo Fenxi Jishu

航空工业出版社出版发行
（北京市朝阳区京顺路 5 号曙光大厦 C 座四层 100028）
发行部电话：010 - 85672666　　010 - 85672683

北京富泰印刷有限责任公司印刷　　　　全国各地新华书店经售
2024 年 8 月第 1 版　　　　　　　　　2024 年 8 月第 1 次印刷
开本：787×1092　1/16　　　　　　　字数：145 千字
印张：6.75　　　　　　　　　　　　　定价：78.00 元

前　言

在飞机维修新技术中，故障诊断和故障传播分析技术受到了空前关注。此类技术能够准确判断故障是否发生并确定故障相关变量、大小及类型，可为机务人员准确定位故障、清晰识别故障传播路径、快速采取维修措施提供参考信息，有效避免飞机停场（Aircraft On Ground，AOG）及其他运行中断，是保障飞机运行安全性、经济性和准点率的有效手段。

本专著阐述了民用飞机典型部件故障诊断和故障传播分析的基本原理，针对飞机维修业务的实际需求，重点介绍了发动机涡轮盘故障检测技术、电动舵机故障诊断技术和飞行控制系统故障传播分析技术。在介绍相关算法和理论后，通过实验验证的形式予以佐证，实用性较强，对推动民用飞机维修领域的理论进步及提升工程实践水平具有重要意义。

本专著是基于作者团队在民用飞机维修领域长期研究工作积累，在业已发表的大量学术论文基础上撰写的。第 1 章对机载中央故障管理系统的诊断过程及其典型架构进行了说明。第 2 章介绍了基于核主成分分析和高斯混合模型的发动机涡轮盘故障检测模型、算法流程等相关内容。第 3 章介绍了基于注意力机制的电动舵机故障诊断模型、算法流程等相关内容。第 4 章介绍了飞行控制系统实体识别、关系抽取和故障传播分析等相关内容。在撰写过程中，陈玖圣负责总体构思和立意；郭润夏撰写了第 1 章；陈玖圣撰写了第 2 章；刘贵行和张晓瑜撰写了第 3 章；陈玖圣、张晓瑜和陈烁撰写了第 4 章；由刘贵行完成全书统稿；郭润夏详细审阅了全部书稿并提出宝贵修改意见。

本专著既适用于高校教师和研究院所的科研人员，又适合于飞机维修和设备制造等企业或科研机构的工程技术人员，还可作为相关高校高年级本科生的专业选修课教材或参考读物，也可用作相关方向硕士生和博士生的专业课教材和科研指导书目。

书中引用或直接列举、摘录了一些优秀著作的内容，参考了大量学术论文和资料并在书后的参考文献中一一列出。另外还有一些直接或间接为本书做出贡献的同行在此不再逐一列举。由于作者水平和经验有限，错误和不妥之处在所难免，欢迎读者给予批评指正，让我们共同推进民用飞机故障诊断和故障传播分析技术的进步和发展。

《民用飞机典型部件故障诊断和故障传播分析技术》编写组

2024 年 6 月

目　录

第 1 章　绪　论

1.1　中央故障管理系统简介

目前，波音 787 和空中客车 A350 上安装了最先进的机载健康状态监测系统，它们均采用基于 ARINC 624（Aeronautical Radio Incoporated，航空无线电公司）规范的中央故障管理功能[1]进行综合化故障管理，其故障诊断过程如图 1-1 所示。

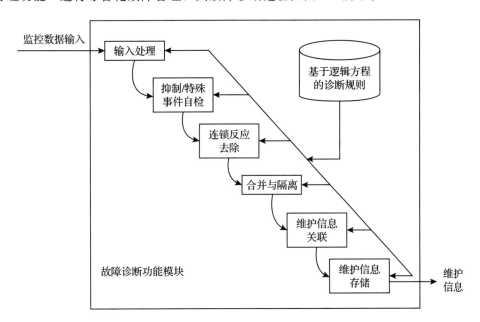

图 1-1　民用飞机中央故障管理功能故障诊断流程图

波音 787 和空中客车 A350 等飞机的中央故障管理功能通过处理飞机系统中各航线可更换组件（Line Replaceable Unit，LRU）/航线可更换单元（Line Replaceable Module，LRM）的机内自测试设备（Built-in Test Equipment，BITE）信息，完成部件级故障隔离和故障诊断，可以给出部件级"正常"或"故障"的判断，最终故障诊断输出的维护信息通过简洁的描述性语言显示在相关显示器上。

除了机载健康状态监测系统，空中客车公司和波音公司都开发了地面故障诊断支持系统。空中客车公司开发了 AIRMAN 系统，可以实现飞机发动机、辅助动力装置等关键系统的健康状态监控及故障诊断[2]。波音公司开发了飞机健康管理（Aircraft Health Monitoring，AHM）系统收集和处理飞机飞行过程中的实时数据，并通过系统自动实现对数据的监控和分析，进而制定飞机发动机和主要部件的维护计划[3]。据波音公司初步估计，采用 AHM 系统后，可为航空公司节约 25％左右的日常维护费用。

国内航空界在飞机健康状态监测和故障传播分析技术研究方面起步较晚，但近年来也逐步认识到这方面工作的重要性和迫切性，开展了多项飞机健康状态监测和故障传播分析技术的研究工作。

中国商用飞机有限责任公司在两款国产飞机 ARJ21 和 C919 上对机载健康状态监测系统[4]进行了有益探索与实践。国产 ARJ21 新支线飞机采用美国柯林斯公司开发的中央维护系统，接收并处理飞机系统和航空电子系统的故障数据和状态数据，并通过驾驶舱多功能显示器和机载打印机以文本形式提供故障信息显示和维修建议[5]。C919 大型客机研制初期即对机载健康状态监测系统展开了深入研究，在系统总体架构设计中，把机载健康状态监测系统划分成 3 个模块，分别是实时监控模块、健康状况趋势分析及预测模块、故障诊断与维修决策模块，并由美国通用电气公司和中国航空工业集团有限公司组成的合资公司进行联合研制。

中国南方航空公司针对飞机环境控制系统（Enviromental Control System，ECS）故障频发的现象，2019 年研发了飞机 ECS 健康管理系统[6]，通过开发机载飞机状态监控系统（Aircraft Condition Monitoring System，ACMS）软件实时监控飞机引气系统、空调系统的健康状态，收集系统关键参数，通过监控阈值触发故障报文。最后，通过飞机通信寻址报告系统（Aircraft Communications Addressing and Reporting System，ACARS）数据链将故障报文发送到地面，能有效帮助机务人员维修排故、故障定位和实现精准性预防维修。

1.2 典型机载中央故障管理系统

1.2.1 空客 A330

空客 A330 机载维护系统主要包括中央维护计算机、飞行警告计算机、打印机、多功能控制显示组件、数据加载系统、空中交通服务组件等，系统架构如图 1-2 所示[7-8]。

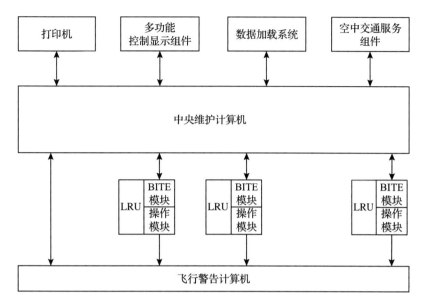

图 1-2　空客 A330 机载维护系统架构

（1）中央维护计算机：连接至飞机各系统 LRU 的 BITE 模块，进行故障与警告的集中处理。

（2）飞行警告计算机：收集飞机各系统操作模块的告警信息并发送至中央维护计算机。

（3）打印机：供机组成员或地面维护人员打印故障报告。

（4）多功能控制显示组件：中央维护系统的人机接口，用于显示维护信息并向中央维护计算机发送指令。

（5）数据加载系统：用于更新中央维护计算机等计算机的数据库和操作系统，以及将指定系统的运行数据下载至存储介质。

（6）空中交通服务组件：将维护信息通过空地网络发送至地面。

1.2.2　空客 A350

空客 A350 机载维护系统主要包括中央维护系统功能、维护中心接入功能、安全通信接口、人机界面等，系统架构如图 1-3 所示[9]。

（1）中央维护系统功能：部署在电子服务器功能柜，负责处理飞机控制域各系统的 BITE 信息、生成故障报告、管理飞机各系统 BITE 的交互方式。

（2）维护中心接入功能：部署在开放服务器功能柜，负责处理航空公司信息服务域各系统的 BITE 信息、生成故障报告，另外，将中央系统维护功能和自身生成的故障报告进行合并后发送至人机界面或地面服务网络。

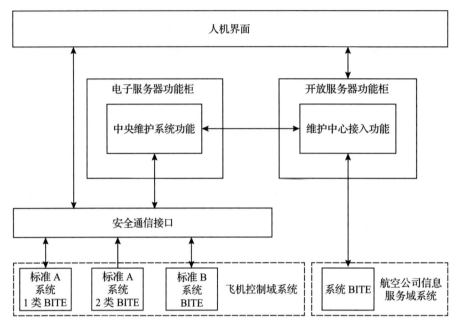

图 1-3　空客 A350 机载维护系统架构

(3)安全通信接口：连接中央维护系统功能、人机界面和飞机控制域各系统 BITE，其中与标准 A 系统 1 类 BITE 通过双向 ARINC429 信号连接，与标准 A 系统 2 类 BITE 通过 ARINC429 信号连接，与标准 B 系统 BITE 通过双向 AFDX 信号连接。

(4)人机界面：包括综合显示系统、机载维护终端、便携式维护终端、打印机等。

1.2.3　波音 747

波音 747 的机载维护系统主要包括中央维护计算机、打印机、多功能控制显示组件、综合显示系统、空中交通服务组件等，系统架构如图 1-4 所示[10]。

(1)中央维护计算机：连接至飞机各系统 LRU 的 BITE 模块，进行故障与警告的集中处理，其中一部分 LRU 与中央维护计算机直接连接，一部分 LRU 通过电子接口组件与中央维护计算机连接。

(2)打印机：供机组成员或地面维护人员打印故障报告。

(3)多功能控制显示组件：是中央维护系统的人机接口，用于显示维护信息和向中央维护计算机发送指令。

(4)综合显示系统：以驾驶舱效应的形式显示需要机组进行处理的所有故障信息。

(5)空中交通服务组件：将维护信息通过空地网络发送至地面。

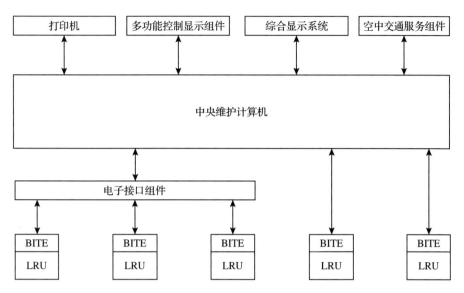

图 1-4　波音 747 机载维护系统架构

1.2.4　波音 787

波音 787 的机载维护系统主要包括中央维护计算功能、显示系统、文件服务模块、维护终端、电子图书资料库等，系统架构如图 1-5 所示[11]。

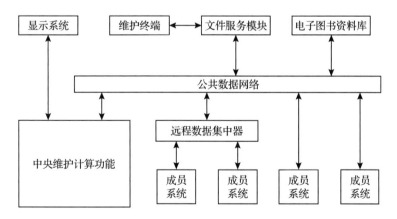

图 1-5　波音 787 机载维护系统架构

(1)中央维护计算功能：收集飞机运行过程中大部分成员系统发送的故障信息，修正故障后可对故障信息进行显示或存储，其中部分成员系统通过公共数据网络与中央维护计算功能进行通信，其他成员系统通过与公共数据网络相连的远程数据集中器同中央维护计算功能进行通信。

（2）显示系统：显示经中央维护计算功能修正、处理后的故障信息。

（3）文件服务模块：存储中央维护计算功能生成的故障报告。

（4）维护终端：如维护笔记本电脑，可以调用、查看存储在文件服务模块中的故障报告。

（5）电子图书资料库：包含飞机维护手册等维修文件，可以获取中央维护计算功能处理后的故障信息，便于机组或维修人员获取更详细的维护信息。

第 2 章　发动机涡轮盘故障检测

2.1　概述

    民航客机的发动机大多采用涡轮风扇发动机，涡轮风扇发动机主要由压气机、燃烧室、高压涡轮、低压涡轮和排气系统等几部分组成，其中涡轮转子系统是涡轮转动部件的总称，它由涡轮转子叶片、涡轮盘、涡轮轴、轴承等构成。涡轮转子系统在高温燃气的包围中高速旋转工作，承受着很大的热负荷与机械负荷，极易引发非包容性事故。所谓非包容性事故是指破裂的轮盘、断裂的叶片等机匣内设备在发生机械故障之后，不能被机匣包容而飞出。高速高能的危险碎片穿透机匣飞出，可能会击伤飞机的机舱、油箱、液压管路和电器控制线路等，导致机舱失压、油箱泄漏起火、飞机操控失灵等二次破坏，严重危及飞行安全[12]。因此，涡轮转子系统的安全性和可靠性一直都是航空运输业十分关注的问题，一旦涡轮转子系统发生故障将导致极其严重的后果。近年来非包容性事故统计如表 2-1 所示。

表 2-1　近年来非包容性事故统计

序号	时间	航空公司	机型	事件概述
1	2018.04	美国西南航空公司	波音 737-700	起飞 20min 后，发动机风扇叶片断裂，发动机发生爆炸，碎片击碎机窗，将一名女性乘客的半个身体吸出窗外
2	2017.09	法国航空公司	A380	高空飞行时发动机风扇轮毂断裂，右侧 4 号发动机风扇及进气道与发动机分离，发动机严重损坏[13]
3	2016.10	美国联合航空公司	波音 767-300	起飞时右侧发动机高压涡轮第 2 级轮盘断裂，涡轮盘碎片破坏了右翼主油箱，燃油泄漏引发右侧起火[13]

表2-1(续)

序号	时间	航空公司	机型	事件概述
4	2016.08	美国西南航空公司	波音737-700	发动机风扇叶片疲劳断裂,造成左侧发动机整流罩脱落和短舱受损,碎片击破了左翼、机身和尾翼[13]
5	2015.09	英国航空公司	波音777-200	发动机高压压气机轮盘疲劳断裂,引发飞机左侧发动机、吊架、左侧机身和左侧机翼内部多处受损

涡轮转子系统的制造缺陷和疲劳断裂是引起发动机非包容性故障的两大主要因素。为预防此类故障及其诱发的事故,各航空运营商主要通过超声波对涡轮转子系统进行检测。2016年美国西南航空公司发生事故后,美国联邦航空局(Federal Aviation Administration,FAA)下令对达到一定起降次数的CFM56-7B发动机进行超声波检查,未通过检查的风扇叶片必须更换[13]。2016年美国联合航空公司发生事故后,美国联邦航空局要求对CF6-80发动机的高压涡轮1级和2级的轮盘进行超声波检测[13]。在2018年4月美国西南航空公司发生事故后,美国联邦航空局和欧洲航空安全局(European Aviation Safety Agency,EASA)立即发布紧急适航指令,要求在2018年5月10日之前对全球范围内680台飞行循环大于3万次的CFM56-7B发动机的风扇叶片进行超声波检查[13]。

发动机涡轮盘故障检测技术[14-15]可以有效检测故障和损伤的发展趋势,在故障恶化之前采取维修措施,以最快的响应速度,把安全风险降低到最小,从而避免飞行事故的发生。

2.2 基于自适应核主成分分析的发动机涡轮盘故障检测

基于自适应核主成分分析(Kernel Principal Components Analysis,KPCA)[16-18]的发动机涡轮盘故障检测流程如图2-1所示。

(1)训练样本初始化:选取正常运行的样本以构建训练数据集。

(2)冗余样本剔除:应用基于K近邻(K-Nearest Neighbor,KNN)算法的约简策略以移除初始样本中的冗余数据。

(3)核函数参数优化:通过最小化类内距离和最大化类间距离的方法来优化特征空间中的核函数参数。

(4)KPCA模型构建:使用KPCA算法构建故障检测模型。

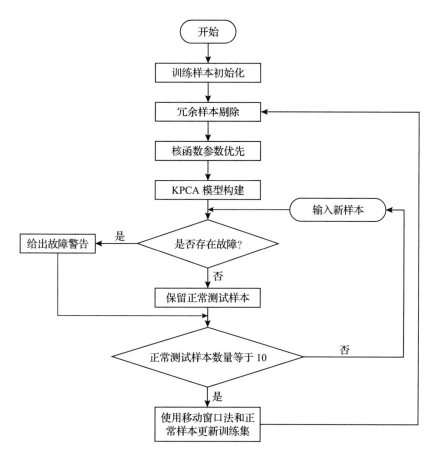

图 2-1　基于自适应核主成分分析的发动机涡轮盘故障检测流程图

　　(5)故障检测执行：对测试样本进行检测，如检测到故障则报警，未发现故障则将样本加入训练集更新。

　　(6)增加正常测试样本：逐步增加正常测试样本数量，当正常样本数量达到 10 个时，进入下一阶段；若不足则重复步骤(5)。

　　(7)训练集更新：使用移动窗口法和正常样本更新训练集，返回至步骤(2)。

2.2.1　基于 KNN 的样本约简策略

　　核矩阵维度过大会降低 KPCA 算法的计算效率，为了提高 KPCA 算法的计算效率，提出了一种基于 KNN 的样本约简策略，该策略旨在减少数据冗余并最大化输入样本的方差，同时保持样本空间的结构不变。基于 KNN 的样本约简策略原理如图 2-2 所示。

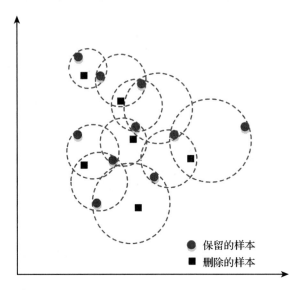

图 2-2　基于 KNN 的样本约简策略原理图

设 $\boldsymbol{X}=[\boldsymbol{x}_1,\ \boldsymbol{x}_2,\ \cdots,\ \boldsymbol{x}_n]$ 为初始训练样本，其中 $\boldsymbol{x}_i\in\mathbb{R}^d$，$i=1,\ \cdots,\ n$；$x_i$ 为输入样本，n 为初始训练样本个数，d 为输入样本维数，定义相似度函数为

$$r_{ij}=\|\boldsymbol{x}_i-\boldsymbol{x}_j\|^2,\ i,\ j=1,\ \cdots,\ n \tag{2-1}$$

其中，$\boldsymbol{x}_i$ 和 $\boldsymbol{x}_j$ 为输入样本，r_{ij} 表示样本 $\boldsymbol{x}_i$ 和 $\boldsymbol{x}_j$ 的相似度，$\|\cdot\|^2$ 为向量的二范数。基于 KNN 的样本约简策略工作流程如下：

（1）扫描初始训练集的所有元素，对每个样本 $\boldsymbol{x}_i(i=1,\ \cdots,\ n)$，计算它与训练集中其余样本的欧氏距离以找到最近的 k 个邻居。

（2）根据样本与其 k 个近邻的欧氏距离排序，找出 k 个近邻中欧氏距离最大的样本 $\boldsymbol{x}_i$ 和 $\boldsymbol{x}_j$。若这些样本不在集合 $\boldsymbol{U}$ 中，则将其添加进集合 $\boldsymbol{U}$。

（3）重复以上步骤，直到无更多样本可被添加入集合 $\boldsymbol{U}$。随后，用此集合 $\boldsymbol{U}$ 替代初始训练集，以重新训练 KPCA 故障检测模型。

2.2.2　自适应 KPCA 算法

2.2.2.1　KPCA 算法

KPCA 是主成分分析（Principal Component Analysis，PCA）在非线性领域的扩展，它能够将样本从线性原始空间映射到非线性特征空间[19-20]。设经过基于 KNN 的样本约简策略处理得到训练样本为 $\boldsymbol{x}_i\in\mathbb{R}^d$，$i=1,\ 2,\ \cdots,\ m$。在特征空间中，训练样本的协方差矩阵 $\boldsymbol{C}$ 定义如下

$$C = \frac{1}{m} \sum_{i=1}^{m} \phi(\boldsymbol{x}_i) \phi(\boldsymbol{x}_i)^{\mathrm{T}} \tag{2-2}$$

其中，$\phi(\cdot)$ 是将输入训练样本从原始空间到特征空间的非线性映射函数。协方差矩阵 C 的特征值计算方法如下所示

$$C\boldsymbol{v} = \lambda \boldsymbol{v} = \frac{1}{m} \sum_{i=1}^{m} \langle \phi(\boldsymbol{x}_i), \boldsymbol{v} \rangle \phi(\boldsymbol{x}_i) \tag{2-3}$$

其中，$\boldsymbol{v} \neq 0$ 表示特征向量，$\lambda > 0$ 表示特征值，$\langle \phi(\boldsymbol{x}_i), \boldsymbol{v} \rangle$ 表示投影数据 $\phi(\boldsymbol{x}_i)$ 与特征向量 $\boldsymbol{v}$ 在特征空间中的点积。最大特征值 λ 对应的特征向量 $\boldsymbol{v}$ 被称为第一主成分，特征向量 $\boldsymbol{v}$ 计算方法如下所示

$$\boldsymbol{v} = \sum_{i=1}^{m} \alpha_i \phi(\boldsymbol{x}_i) \tag{2-4}$$

其中，α_i 为系数 $(i=1, \cdots, m)$。为了计算 α_i，需要定义核矩阵 K，其元素计算方法为 $K_{ij} = \phi(\boldsymbol{x}_i)^{\mathrm{T}} \phi(\boldsymbol{x}_j) = \kappa(\boldsymbol{x}_i, \boldsymbol{x}_j)$，$\kappa(\boldsymbol{x}_i, \boldsymbol{x}_j)$ 为核函数。这里选择径向基函数（Radial Basis Function，RBF）作为核函数，RBF 核函数计算方法如下

$$\kappa(\boldsymbol{x}_i, \boldsymbol{x}_j) = \exp(-\gamma \| \boldsymbol{x}_i - \boldsymbol{x}_j \|^2), \quad 0 < \gamma < +\infty \tag{2-5}$$

其中，γ 为 RBF 核函数的参数，则系数向量 $\boldsymbol{\alpha}$ 可表示为

$$m\lambda\boldsymbol{\alpha} = K\boldsymbol{\alpha}, \quad \boldsymbol{\alpha} = [\alpha_1, \cdots, \alpha_m]^{\mathrm{T}} \tag{2-6}$$

在应用 KPCA 算法之前，核矩阵 K 应该在特征空间进行预处理，其预处理计算方法如下

$$\bar{K} = K - EK - KE + EKE \tag{2-7}$$

其中，$E = \dfrac{1}{m} \begin{bmatrix} 1 & \cdots & 1 \\ \vdots & \ddots & \vdots \\ 1 & \cdots & 1 \end{bmatrix} \in \mathbb{R}^{m \times m}$。

$\lambda_1 \geqslant \lambda_2 \geqslant \cdots \geqslant \lambda_p > 0$，$1 \leqslant p \leqslant m$ 为协方差矩阵 C 前 p 个特征值，$\boldsymbol{v}_k \neq \boldsymbol{0}$（其中 $k = 1, \cdots, p$）为特征值对应特征向量，则 $\phi(\boldsymbol{x}_{\text{new}})$ 在特征向量 $\boldsymbol{v}_k$（其中 $k = 1, 2, \cdots, p$）上的投影为

$$\begin{aligned}
t_k &= \langle \boldsymbol{v}_k, \phi(\boldsymbol{x}_{\text{new}}) \rangle \\
&= \sum_{i=1}^{m} u_i^k \langle \phi(\boldsymbol{x}_i), \phi(\boldsymbol{x}_{\text{new}}) \rangle \\
&= \sum_{i=1}^{m} \alpha_i^k \kappa(\boldsymbol{x}_i, \boldsymbol{x}_{\text{new}})
\end{aligned} \tag{2-8}$$

利用平方预测误差(Squared Prediction Error，SPE)统计量来检测涡轮发动机盘的故障，SPE 计算方法如下

$$\text{SPE} = \| \phi(\boldsymbol{x}) - \hat{\phi}_p(\boldsymbol{x}) \|^2$$

$$= \sum_{i=1}^{m} t_i^2 - \sum_{i=1}^{p} t_i^2 \tag{2-9}$$

SPE 的控制限通过其近似分布计算得到，计算方法如下[21]

$$\text{SPE}_\eta \sim g\chi_h^2 \tag{2-10}$$

其中，η 为 χ^2 分布的置信度，$g = b/(2a)$，$h = 2a^2/b$，a 为 SPE 的均值，b 为 SPE 的方差。

2.2.2.2　主成分个数

在 KPCA 故障检测模型中，主成分(Principal Component，PC)个数是根据累积百分比进行计算的[22]

$$\text{CPV}(p) = \frac{\sum_{i=1}^{p} \lambda_i}{\sum_{i=1}^{m} \lambda_i} \geqslant \alpha \tag{2-11}$$

其中，$\lambda_1 \geqslant \lambda_2 \geqslant \cdots \geqslant \lambda_m$ 为核矩阵 $\bar{\boldsymbol{K}}$ 对应的特征值，p 为主成分的个数，α 为主成分阈值。

2.2.2.3　自适应核函数

核方法(Kernel Method)将输入数据从原始空间映射到维度较高的特征空间中，但是映射函数 $\phi(\cdot)$ 不是明确给出的，而是通过核函数高效计算特征空间的内积值。本书采用了 RBF 核函数，RBF 核函数具有以下特征

$$\begin{cases} 0 < \kappa(\boldsymbol{x}_i, \boldsymbol{x}_j, \gamma) < 1, \text{ if } \boldsymbol{x}_i \neq \boldsymbol{x}_j \\ \kappa(\boldsymbol{x}_i, \boldsymbol{x}_j, \gamma) = 1, \text{ if } \boldsymbol{x}_i = \boldsymbol{x}_j \end{cases} \tag{2-12}$$

其中，$\gamma \geqslant 0$ 为 RBF 核函数 $\kappa(\boldsymbol{x}_i, \boldsymbol{x}_j, \gamma)$ 的参数，$\boldsymbol{x}_i$(其中 $i = 1, 2, \cdots, m$)和 $\boldsymbol{x}_j$(其中 $j = 1, 2, \cdots, m$)为训练样本。在给定训练样本的情况下，RBF 核函数 $\kappa(\boldsymbol{x}_i, \boldsymbol{x}_j, \gamma)$ 通过调整核参数 γ 可以获得不同的特征映射。因此，在 KPCA 检测方法中，核参数 γ 起着重要作用，对 KPCA 故障检测模型的性能有着重要影响[23]。

通过最小化簇内距离和最大化簇间距离可以自适应调整 RBF 核参数 γ，最大化簇间距离可以使不同类别样本在特征空间有效区分，而最小化簇内距离则使相同类别样本在特征空间有效聚集。因此，结合最小化簇内距离和最大化簇间距离策略可以提高数据样本在特征空间区分度。基于最小化簇内距离和最大化簇间距离的自适应核函数计算方法

介绍如下。

(1)设聚类中心的个数为 c ，定义样本判别矩阵如下

$$
\begin{aligned}
\boldsymbol{D}_{ij} &= \boldsymbol{D}(\boldsymbol{x}_i, \boldsymbol{x}_j) \\
&= \begin{cases} 1 & \boldsymbol{x}_i, \boldsymbol{x}_j \text{ 为簇内样本} \\ 0 & \boldsymbol{x}_i, \boldsymbol{x}_j \text{ 为簇间样本} \end{cases}
\end{aligned} \tag{2-13}
$$

(2)计算不同样本 $\boldsymbol{x}_i$ 和 $\boldsymbol{x}_j$ 在特征空间中欧氏距离

$$
\begin{aligned}
d_{ij} &= \| \phi(\boldsymbol{x}_i) - \phi(\boldsymbol{x}_j) \|^2 \\
&= 2(\boldsymbol{K}_{ii} - \boldsymbol{K}_{ij}), \text{ 其中 } i=1, 2, \cdots, m; j=1, 2, \cdots, m
\end{aligned} \tag{2-14}
$$

式中，$\boldsymbol{K}$ 为核矩阵。

(3)基于最小化簇内距离和最大化簇间距离的自适应核函数优化计算方法如下

$$
\begin{aligned}
\min_{\gamma>0} J(\gamma) &= \frac{1}{2} \Big(\sum_{\boldsymbol{x}_i, \boldsymbol{x}_j \in (\boldsymbol{D}_{ij}=1)} d_{ij} - \sum_{\boldsymbol{x}_i, \boldsymbol{x}_j \in (\boldsymbol{D}_{ij}=0)} d_{ij} \Big) \\
&= \sum_{\boldsymbol{x}_i, \boldsymbol{x}_j \in (\boldsymbol{D}_{ij}=1)} (\boldsymbol{K}_{ii} - \boldsymbol{K}_{ij}) - \sum_{\boldsymbol{x}_i, \boldsymbol{x}_j \in (\boldsymbol{D}_{ij}=0)} (\boldsymbol{K}_{ii} - \boldsymbol{K}_{ij})
\end{aligned} \tag{2-15}
$$

其中，$\boldsymbol{K}$ 为核矩阵，γ 为 RBF 核参数。

基于最小化簇内距离和最大化簇间距离的自适应核函数优化函数 $J(\gamma)$ 在不同参数 γ 下的函数示意图如图 2-3 所示。从曲线图中可以观察到，自适应核函数优化函数 $J(\gamma)$ 只

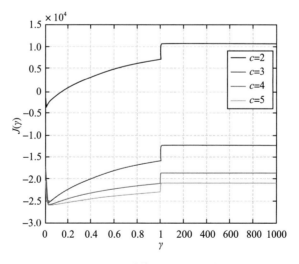

图 2-3   不同参数下 $J(\gamma)$ 示意图

存在一个最小值，将其最小值作为最优的 RBF 参数。此外，从图中可以看出自适应核函

数优化函数 $J(\gamma)$ 对于聚类中心个数的设置并不敏感，这使得它在实际应用中更具吸引力。

2.2.3　实验验证

在本部分中，采用美国航空航天局（NASA）格伦研究中心旋转动力实验室的发动机涡轮盘检测数据集进行性能评估，其更多细节可以在一些参考文献[24]中找到。检测率（Detection Rate，DR）、假阴性率（False Negative Rate，FNR）和假阳性率（False Positive Rate，FPR）用于评估提出的故障检测算法的性能，其中 DR 代表正确识别故障样本的百分比，FNR 代表错误识别故障样本的百分比，FPR 代表正常样本识别为故障样本的百分比。

2.2.3.1　参数选择

基于自适应核主成分分析的发动机涡轮盘故障检测模型可以根据发动机涡轮盘实际工况自适应地更新关键参数，如 RBF 核参数 γ、主成分个数 p、SPE 置信度 η 等。下面将对最近邻个数 k、主成分阈值 α、SPE 置信度 η 等参数进行实验验证。

（1）最近邻个数 k

最近邻个数 k 是基于 KNN 的样本约简策略中的关键参数，最近邻个数 k 的不同选择将导致不同的样本约简效果。在实验过程中，设置初始样本数量分别为 200、300、400 和 500，测试样本数量为 2000（包括：1000 个正常样本和 1000 个异常样本）。实验结果如表 2-2、图 2-4 所示。

表 2-2　不同最近邻个数 k 情况下的实验结果

初始样本个数	k	缩减后的样本个数	总计算时间/s	DR/％	FNR/％	FPR/％
	1	200	8.059	95.25	4.75	7.28
	2	176	7.344	94.00	6.00	7.44
	3	169	7.169	97.06	2.94	8.33
200	4	168	7.278	96.73	3.27	8.37
	5	170	7.243	95.46	4.54	9.98
	6	170	7.434	96.64	3.36	8.35
	7	170	7.406	96.33	3.67	9.37

表2-2(续)

初始样本个数	k	缩减后的样本个数	总计算时间/s	DR/%	FNR/%	FPR/%
300	1	300	15.220	96.08	3.92	5.83
	2	259	12.726	95.58	4.42	6.57
	3	250	12.334	95.98	4.02	5.98
	4	248	12.403	95.96	4.04	7.54
	5	251	12.611	95.48	4.52	7.08
	6	253	12.789	94.71	5.29	5.63
	7	253	12.900	95.01	4.99	6.37
400	1	400	26.010	97.02	2.98	4.81
	2	343	20.017	95.15	4.85	4.70
	3	328	19.176	95.84	4.16	5.44
	4	330	19.371	95.88	4.12	5.20
	5	333	19.785	95.96	4.04	5.96
	6	334	20.028	96.57	3.43	5.32
	7	336	20.346	96.57	3.43	5.95
500	1	500	42.565	97.19	2.81	4.41
	2	427	31.812	96.20	3.80	4.43
	3	409	29.622	96.06	3.94	5.23
	4	410	30.301	96.81	3.19	5.60
	5	412	30.466	96.62	3.38	4.95
	6	416	31.119	96.51	3.49	5.04
	7	420	31.684	95.97	4.03	4.72

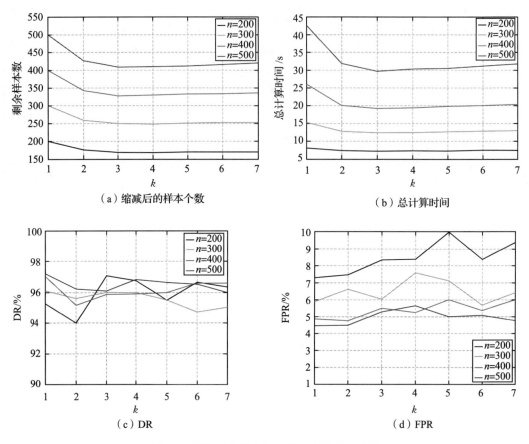

（a）缩减后的样本个数　　　　　　　（b）总计算时间

（c）DR　　　　　　　　　　　（d）FPR

图 2-4　不同最近邻个数 k 情况下的实验结果

从表 2-2 可以看出，随着初始样本个数的增加，总计算时间由 8.059s 增加到 42.565s。从图 2-4(a)和图 2-4(b)可知，最近邻个数 k 在 1～3 之间时，曲线斜率较大，而最近邻个数 k 为 3～7 之间时，曲线斜率较小，最终样本约简的数量大约占总样本的 15%。

当初始样本个数为 500 时，随着最近邻个数 k 由 1 增加到 7，总计算时间缩短了 30% 左右。从图 2-4 可知，在训练样本数量为 300 且最近邻个数 k 为 6 的条件下，平均故障检测和模型更新时间为 0.064s，能够满足实时故障检测的间隔要求。

基于 KNN 的样本约简策略可以有效减少冗余数据，在保持样本空间结构不变的同时最大化输入样本的方差。由于样本方差被最大化，自适应 KPCA 方法可以在仅有少量样本情况下获得良好检测效果，从图 2-4(c)和图 2-4(d)可以清晰看出，DR 和 FPR 对最近邻个数 k 的设置不敏感，这使得基于 KNN 的样本约简策略在实际工程应用中更具吸引力。

因此，为了平衡检测性能与计算效率，将初始样本数量设定为 300，最近邻个数 k 设定为 6。

（2）主成分阈值 α

第二个需要确定的参数为主成分阈值 α，设置训练样本和测试样本数量分别为 300 和 2000（包括：1000 个正常样本和 1000 个故障样本）。训练样本和测试样本均从发动机涡轮盘检测数据集中随机选择，并在不同转速（Revolutions Per Minute，RPM）情况下进行了 10 次独立重复实验，记录了 DR、FNR 和 FPR，如表 2-3 所示。

表 2-3　不同主成分阈值 α 情况下的实验结果

主成分阈值 α	DR/%	FNR/%	FPR/%
50%	75.21	24.79	3.62
60%	75.37	24.63	3.43
70%	84.96	15.04	5.18
80%	87.29	12.71	6.16
85%	91.32	8.68	6.81
90%	96.59	3.41	7.02
95%	97.37	2.63	9.12

根据表 2-3 可知，当主成分阈值 $\alpha \geqslant 90\%$ 时，DR、FNR 和 FPR 基本保持稳定。这说明所选取的主成分已经包含了训练样本的大部分信息，因此将主成分阈值 α 设定为 90%。

（3）SPE 置信度 η

第三个需要确定的参数为 SPE 置信度 η，设置训练样本和测试样本数量分别为 300 和 2000（包括：1000 个正常样本和 1000 个故障样本）。训练样本和测试样本均从发动机涡轮盘检测数据集中随机选择，并在不同 RPM 情况下进行了 10 次独立重复实验，记录了 DR、FNR 和 FPR，如表 2-4 所示。

表 2-4　不同 SPE 置信度 η 情况下的实验结果

SPE 置信度 η	DR/%	FNR/%	FPR/%
0.85	99.71	0.29	29.05
0.90	99.08	0.92	22.67
0.91	98.83	1.17	22.13

表2-4(续)

SPE 置信度 η	DR/%	FNR/%	FPR/%
0.92	98.39	1.61	20.12
0.93	98.26	1.74	18.45
0.94	97.53	2.47	17.11
0.95	96.82	3.18	16.23
0.96	98.00	2.00	16.08
0.97	96.91	3.09	12.20
0.98	97.31	2.69	9.57
0.99	96.48	3.52	6.66

从表 2-4 中可以看出，SPE 置信度 η 越高，检测结果中 FPR 指标的效果越好，因此，将 SPE 置信度 η 设置为 0.99。

2.2.3.2　检测性能分析

为了验证基于自适应核主成分分析的发动机涡轮盘故障检测模型的检测性能，分别在不同转速下进行实验，每次实验时从第 100 个样本起发动机涡轮盘出现故障，实验结果如图 2-5～图 2-7 所示。

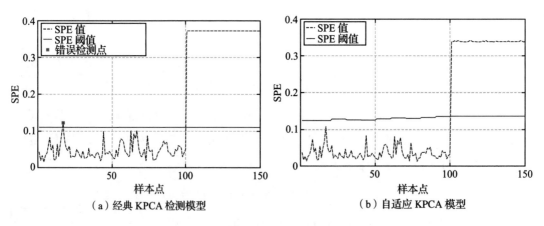

（a）经典 KPCA 检测模型　　　　　（b）自适应 KPCA 模型

图 2-5　3000r/min 时检测结果图

从图 2-5(a)和图 2-5(b)可以看出，自适应 KPCA 检测模型能够准确检测出故障，而经典 KPCA 方法在第 17 个采样点处存在一次错误检测。

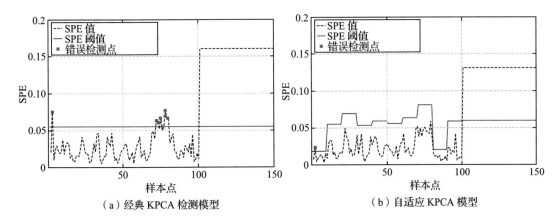

(a) 经典 KPCA 检测模型　　　　　(b) 自适应 KPCA 模型

图 2-6　4000r/min 时检测结果图

从图 2-6(a)和图 2-6(b) 可以看出，经典 KPCA 方法在第 2、72、73、75、77、78、79 和 80 个样本点有 8 个错误检测，而自适应 KPCA 检测模型仅在第 2 个样本点有一个错误检测。

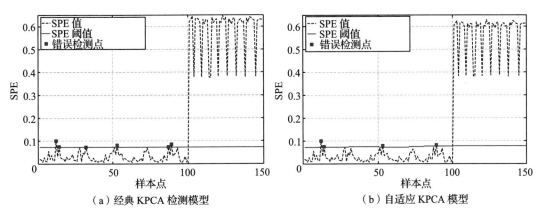

(a) 经典 KPCA 检测模型　　　　　(b) 自适应 KPCA 模型

图 2-7　5000r/min 时检测结果图

从图 2-7(a)和图 2-7(b)可以看出，经典 KPCA 方法在第 12、14、32、53、87 和 89 个样本点有 6 个错误检测，而自适应 KPCA 检测模型仅在第 12、14、53 和 89 个样本点有 4 处错误检测。

综合分析图 2-5、图 2-6 和图 2-7 可知，自适应 KPCA 检测方法相较于经典 KPCA 方法，在故障检测性能方面表现更好。这是因为自适应 KPCA 检测模型会随着输入样本的更新而自适应调整模型参数，经典 KPCA 方法则保持不变。

2.2.3.3　检测模型比较分析

采用两种基于核函数的故障检测方法：一类支持向量机（One-Class Support Vector

Machine，OCSVM)和自适应 KPCA 进行比较分析，设置训练样本和测试样本数量分别为 300 和 2000(包括：1000 个正常样本和 1000 个故障样本)，训练样本和测试样本均从发动机涡轮盘检测数据集中随机选择，并通过基于 KNN 的样本约简算法对训练样本约简后输入 OCSVM 检测模型和自适应 KPCA 检测模型。

OCSVM 检测模型的参数通过五折交叉验证进行选择，超参数 n 的网格搜索空间为 $\{0.01k，0.1k\}$，$k=1，2，\cdots，9$；RBF 核函数参数 γ 的网格搜索空间为 $\{2^{-15}，2^{-13}，2^{-11}，2^{-9}，2^{-7}，2^{-5}，2^{-3}，2^{-1}，2^1，2^3，2^5\}$。训练 OCSVM 检测模型所使用的软件是 LIBSVM[25]。

对于自适应 KPCA 模型，RBF 核函数参数 γ 通过基于最小化簇内距离和最大化簇间距离的自适应核函数优化计算得到，聚类中心数量 c 设定为 2，最近邻个数 k 设定为 6，主成分阈值 α 设定为 90%，SPE 置信度 η 设定为 0.99。

训练样本和测试样本均从发动机涡轮盘检测数据集中随机选择，并在不同转速情况下进行了 10 次独立重复实验，记录了 DR、FNR 和 FPR，如表 2-5 所示。

表 2-5　OCSVM 和自适应 KPCA 模型检测性能对比

算法名称	DR/%	FNR/%	FPR/%
OCSVM	82.23	17.77	2.01
自适应 KPCA	96.48	3.52	6.66

从表 2-5 可以看出，自适应 KPCA 故障检测模型的 DR 为 96.48%，FNR 为 3.52%。与之相比，OCSVM 故障检测模型的 DR 和 FNR 较低。然而，OCSVM 故障检测模型在 FPR 方面优于自适应 KPCA 模型。综合考虑 DR、FNR 和 FPR 三个指标来看，自适应 KPCA 故障检测模型相对于 OCSVM 检测模型具有更优异的性能。

2.3　基于自适应高斯混合模型的发动机涡轮盘故障检测

2.3.1　基于高斯混合模型的发动机涡轮盘故障检测

高斯混合模型(Gaussian Mixture Model，GMM)方法可以将数据表示为几个高斯分布的组合，每个高斯分布代表一种不同的工作模式，可以有效适应发动机涡轮盘工作过程，其数据分布的均值和协方差呈现随时间变化的特征。高斯混合模型基本理论[26-29]描述如下。

定义训练样本为 $\boldsymbol{X} = [\boldsymbol{x}_1, \cdots, \boldsymbol{x}_n]$，$\boldsymbol{x}_i \in \mathbb{R}^m$，$1 \leqslant i \leqslant n$，数据样本的概率密度可以表示为

$$p(\boldsymbol{x}_i \mid \omega_1, \boldsymbol{\mu}_1, \boldsymbol{\Sigma}_1, \cdots, \omega_K, \boldsymbol{\mu}_K, \boldsymbol{\Sigma}_K) = \sum_{k=1}^{K} \omega_k g(\boldsymbol{x}_i \mid \boldsymbol{\mu}_k, \boldsymbol{\Sigma}_k) \qquad (2\text{-}16)$$

其中，$\boldsymbol{\mu}_k \in \mathbb{R}^m$ 表示第 k 个高斯分量的均值，$\boldsymbol{\Sigma}_k \in \mathbb{R}^{m \times m}$ 表示第 k 个高斯分量的协方差矩阵，$\omega_k \in \mathbb{R}$，$\sum_{k=1}^{K} \omega_k = 1$ 表示第 k 个高斯分量的权重，K 表示高斯分量的个数，$g(\boldsymbol{x}_i \mid \boldsymbol{\mu}_k, \boldsymbol{\Sigma}_k)$ 为多元高斯概率密度函数，其计算方法如下

$$g(\boldsymbol{x}_i \mid \boldsymbol{\mu}_k, \boldsymbol{\Sigma}_k) = \frac{\exp\left(-\dfrac{1}{2}(\boldsymbol{x}_i - \boldsymbol{\mu}_k)^{\mathrm{T}} \boldsymbol{\Sigma}_k^{-1}(\boldsymbol{x}_i - \boldsymbol{\mu}_k)\right)}{(2 \times \pi)^{m/2} \times |\boldsymbol{\Sigma}_k|^{1/2}} \qquad (2\text{-}17)$$

Log-likelihood 函数的计算公式如下所示

$$\log(L(\boldsymbol{X}, \boldsymbol{\Theta})) = \sum_{i=1}^{n} \log\left(\sum_{k=1}^{K} \omega_k g(\boldsymbol{x}_i \mid \boldsymbol{\Theta}_k)\right) \qquad (2\text{-}18)$$

GMM 模型的参数 $\boldsymbol{\Theta}$ 可以通过以下方法计算得到

$$\hat{\boldsymbol{\Theta}} = \underset{\boldsymbol{\Theta}}{\arg\max}(\log(L(\boldsymbol{X}, \boldsymbol{\Theta}))) \qquad (2\text{-}19)$$

其中，$\boldsymbol{\Theta} = \{\{\omega_1, \boldsymbol{\mu}_1, \boldsymbol{\Sigma}_1\}, \cdots, \{\omega_K, \boldsymbol{\mu}_K, \boldsymbol{\Sigma}_K\}\}$，$\boldsymbol{\Theta}_k = \{\omega_k, \boldsymbol{\mu}_k, \boldsymbol{\Sigma}_k\}$，$1 \leqslant k \leqslant K$。

通常采用最大期望（Expectation-Maximization，EM）算法[30-31]对最大似然分布参数进行估计。设训练样本矩阵为 $\boldsymbol{X}$，初始估计值为 $\boldsymbol{\Theta}^{(0)} = \{\{\omega_1^{(0)}, \boldsymbol{\mu}_1^{(0)}, \boldsymbol{\Sigma}_1^{(0)}\}, \cdots, \{\omega_K^{(0)}, \boldsymbol{\mu}_K^{(0)}, \boldsymbol{\Sigma}_K^{(0)}\}\}$，则 Expectation Step 迭代计算方法如下

$$p^{(t)}(C_k \mid \boldsymbol{x}_i) = \frac{\omega_k^{(t)} g(\boldsymbol{x}_i \mid \boldsymbol{\mu}_k^{(t)}, \boldsymbol{\Sigma}_k^{(t)})}{\sum_{k=1}^{K} \omega_k^{(t)} g(\boldsymbol{x}_i \mid \boldsymbol{\mu}_k^{(t)}, \boldsymbol{\Sigma}_k^{(t)})} \qquad (2\text{-}20)$$

其中，C_k 为第 k 个高斯分量（$1 \leqslant k \leqslant K$），$\omega_k^{(t)}$、$\boldsymbol{\mu}_k^{(t)}$ 和 $\boldsymbol{\Sigma}_k^{(t)}$ 分别表示第 t 次迭代时第 k 个高斯分量的权重、均值和协方差矩阵，$p^{(t)}(C_k \mid \boldsymbol{x}_i)$ 为第 t 次迭代时训练样本 $\boldsymbol{x}_i$ 在第 k 个高斯分量的后验概率。

Maximization Step 迭代计算方法如下

$$\boldsymbol{\mu}_k^{(t+1)} = \frac{\sum_{i=1}^{n} p^{(t)}(C_k \mid \boldsymbol{x}_i) \boldsymbol{x}_i}{\sum_{i=1}^{n} p^{(t)}(C_k \mid \boldsymbol{x}_i)} \qquad (2\text{-}21)$$

$$\Sigma_k^{(t+1)} = \frac{\sum\limits_{i=1}^{n} p^{(t)}(C_k \mid \boldsymbol{x}_i)(\boldsymbol{x}_i - \boldsymbol{\mu}_k^{(t+1)})(\boldsymbol{x}_i - \boldsymbol{\mu}_k^{(t+1)})^{\mathrm{T}}}{\sum\limits_{i=1}^{n} p^{(t)}(C_k \mid \boldsymbol{x}_i)} \tag{2-22}$$

$$\omega_k^{(t+1)} = \frac{\sum\limits_{i=1}^{n} p^{(t)}(C_k \mid \boldsymbol{x}_i)}{n} \tag{2-23}$$

其中，$\omega_k^{(t+1)}$、$\boldsymbol{\mu}_k^{(t+1)}$ 和 $\boldsymbol{\Sigma}_k^{(t+1)}$ 分别表示第 $t+1$ 次迭代时第 k 个高斯分量的权重、均值和协方差矩阵。

在基于 GMM 的发动机涡轮盘故障检测方法中，通常利用贝叶斯信息准则（Bayesian Information Criterion，BIP）[32] 指标来检测故障，定义测试样本 $\boldsymbol{x}_t$ 到第 k 个高斯分量 C_k 的马氏距离为

$$D_r((\boldsymbol{x}_t, C_k) \mid \boldsymbol{x}_t \in C_k) = (\boldsymbol{x}_t - \boldsymbol{\mu}_k)^{\mathrm{T}}(\boldsymbol{\Sigma}_k + \varepsilon \boldsymbol{I})^{-1}(\boldsymbol{x}_t - \boldsymbol{\mu}_k) \rightarrow \chi_m^2 \tag{2-24}$$

其中，ε 为一个很小的正数，D_r 服从 χ^2 分布。

BIP 指标的计算公式可以表示为[33-34]

$$\mathrm{BIP} = \sum_{k=1}^{K} p(C_k \mid \boldsymbol{x}_t) \mathrm{Pr}\{D((\boldsymbol{x}, C_k) \mid \boldsymbol{x} \in C_k) \leqslant D_r((\boldsymbol{x}_t, C_k) \mid \boldsymbol{x}_t \in C_k)\}$$

$$\tag{2-25}$$

其中，$p(C_k \mid \boldsymbol{x}_t)$ 表示测试样本 $\boldsymbol{x}_t$ 在第 k 个高斯分量的后验概率（$1 \leqslant k \leqslant K$），$\mathrm{Pr}\{D((\boldsymbol{x}, C_k) \mid \boldsymbol{x} \in C_k) \leqslant D_r((\boldsymbol{x}_t, C_k) \mid \boldsymbol{x}_t \in C_k)\}$ 表示测试样本 $\boldsymbol{x}_t$ 相对于第 k 个高斯分量的局部马氏距离概率指数。$\mathrm{Pr}\{D((\boldsymbol{x}, C_k) \mid \boldsymbol{x} \in C_k) \leqslant D_r((\boldsymbol{x}_t, C_k) \mid \boldsymbol{x}_t \in C_k)\}$ 可以通过 χ^2 分布的概率密度函数计算，$p(C_k \mid \boldsymbol{x}_t)$ 具体计算公式如下（$1 \leqslant k \leqslant K$）

$$p(C_k \mid \boldsymbol{x}_t) = \frac{\omega_k g(\boldsymbol{x}_t \mid \boldsymbol{\mu}_k, \boldsymbol{\Sigma}_k)}{\sum\limits_{j=1}^{K} \omega_j g(\boldsymbol{x}_t \mid \boldsymbol{\mu}_j, \boldsymbol{\Sigma}_j)} \tag{2-26}$$

因此，给定的置信水平 $(1-\alpha) \times 100\%$，通过比较测试样本 $\boldsymbol{x}_t$ 的 BIP 指标与置信水平 $(1-\alpha)$ 可以有效检测测试样本是否为故障样本。

2.3.2 基于自适应 GMM 的发动机涡轮盘故障检测

2.3.2.1 增量遗忘策略

为了适应发动机涡轮盘的动态特性，采用增量遗忘策略自适应更新 GMM 故障检测模型。设 $\boldsymbol{X}_\ell = [\boldsymbol{x}_{t-N+1}, \cdots, \boldsymbol{x}_t]^{\mathrm{T}}$ 为第 ℓ 个样本矩阵，可以将 $\boldsymbol{X}_\ell$ 分解为 $\boldsymbol{X}_\ell^{(1)} = $

$[\boldsymbol{x}_{t-N+1}, \cdots, \boldsymbol{x}_{t-N+N'}]^{\mathrm{T}}$ 和 $\boldsymbol{X}_{\ell}^{(2)} = [\boldsymbol{x}_{t-N+N'+1}, \cdots, \boldsymbol{x}_t]^{\mathrm{T}}$ 两部分，其中，$\boldsymbol{X}_{\ell}^{(1)} =$ $[\boldsymbol{x}_{t-N+1}, \cdots, \boldsymbol{x}_{t-N+N'}]^{\mathrm{T}}$ 为遗忘矩阵，$\boldsymbol{X}_{\ell}^{(2)} = [\boldsymbol{x}_{t-N+N'+1}, \cdots, \boldsymbol{x}_t]^{\mathrm{T}}$ 为剩余矩阵。因此，第 $\ell+1$ 个样本矩阵可以表示为

$$\boldsymbol{X}_{\ell+1} = \begin{bmatrix} \boldsymbol{X}_{\ell}^{(2)} \\ \lambda \boldsymbol{X}_{\ell}^{(1)} + (1-\lambda) \boldsymbol{X}_{\ell}' \end{bmatrix} \tag{2-27}$$

其中，λ 为遗忘因子，可以采用皮尔逊相关系数计算得到。皮尔逊相关系数是两个随机变量之间线性相关性的度量，皮尔逊相关系数计算方法如下[35]

$$\rho(\boldsymbol{A}, \boldsymbol{B}) = \frac{1}{M-1} \sum_{i=1}^{M} \left(\frac{\boldsymbol{A}_i - \mu_A}{\delta_A}\right) \left(\frac{\boldsymbol{B}_i - \mu_B}{\delta_B}\right) \tag{2-28}$$

其中，μ_A 和 δ_A 分别表示输入矩阵 $\boldsymbol{A}$ 的均值和标准差，μ_B 和 δ_B 分别表示输入矩阵 $\boldsymbol{B}$ 的均值和标准差。因此，遗忘因子 λ 的计算方法如下

$$\lambda = |\rho(\bar{\boldsymbol{x}}_{\ell}^{(1)}, \bar{\boldsymbol{x}}_{\ell}')| \tag{2-29}$$

其中，$\bar{\boldsymbol{x}}_{\ell}^{(1)}$ 和 $\bar{\boldsymbol{x}}_{\ell}'$ 分别为 $\boldsymbol{X}_{\ell}^{(1)}$ 和 $\boldsymbol{X}_{\ell}'$ 的均值。

2.3.2.2　高斯分量自适应计算

在 GMM 算法中，$\boldsymbol{\Theta}^* = \{\{\omega_1^*, \boldsymbol{\mu}_1^*, \boldsymbol{\Sigma}_1^*\}, \cdots, \{\omega_K^*, \boldsymbol{\mu}_K^*, \boldsymbol{\Sigma}_K^*\}\}$，$\boldsymbol{\Theta}_k^* = \{\omega_k^*, \boldsymbol{\mu}_k^*, \boldsymbol{\Sigma}_k^*\}$，$1 \leqslant k \leqslant K$ 可以通过 EM 算法计算得到。对于每个高斯分量，最优权重、最优均值和最优协方差矩阵会随着数据漂移而变化，其中任何一个高斯分量失效，故障检测结果将受到严重影响。因此，通过对 EM 算法中 Maximization Step 的公式(2-23)进行改进，自适应计算出最合适的高斯分量。

假设 $S = \{(\boldsymbol{x}_1, y_1), \cdots, (\boldsymbol{x}_n, y_n)\}$ 为训练数据集，$\boldsymbol{x}_i \in \mathbb{R}^m$（其中 $i=1, \cdots, n$）为输入样本特征，$y_i \in \{1, 2, \cdots, K\}$ 为高斯分量标签，第 k 个高斯分量的簇内距离计算方法如下

$$\bar{d}_k = \frac{1}{N_k} \sum_{p \in C_k} \|\boldsymbol{x}_p - \boldsymbol{\mu}_k\|^2 \tag{2-30}$$

其中，N_k 表示第 k 个高斯分量的样本数量，C_k 表示第 k 个高斯分量的样本集合，$\boldsymbol{\mu}_k$ 表示第 k 个高斯分量的均值。

第 k 个高斯分量的簇间距离计算方法如下

$$\hat{d}_k = \frac{1}{K} \sum_{j=1}^{K} \|\boldsymbol{\mu}_k - \boldsymbol{\mu}_j\|^2 \tag{2-31}$$

其中，$\boldsymbol{\mu}_k$ 表示第 k 个高斯分量的均值，$\boldsymbol{\mu}_j$ 表示第 j 个高斯分量的均值。

因此，基于最小簇内距离和最大簇间距离的高斯分量自适应计算方法如下所示

$$\omega_k^{(t+1)} = \frac{(\hat{d}_k^{(t)} - \overline{d}_k^{(t)})}{\sum\limits_{k=1}^{K} (\hat{d}_k^{(t)} - \overline{d}_k^{(t)})} \qquad (2\text{-}32)$$

采用公式(2-32)替代经典 EM 算法中 Maximization Step 的公式(2-23)，可以自适应计算得到高斯分量。

2.3.2.3 算法流程

基于自适应 GMM 的发动机涡轮盘故障检测方法的流程如图 2-8 所示。

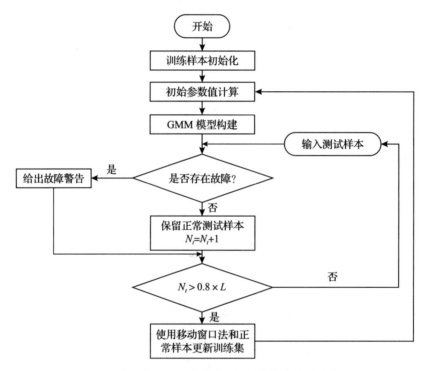

图 2-8 自适应 GMM 的发动机涡轮盘故障检测流程图

(1)给定一组正常样本 $\mathbf{x}_i \in \mathbb{R}^m$，$i = 1, \cdots, n$。

(2)采用 K-means 方法计算初始参数值 $\mathbf{\Theta}^{(0)} = \{\{\omega_1^{(0)}, \mathbf{\mu}_1^{(0)}, \mathbf{\Sigma}_1^{(0)}\}, \cdots, \{\omega_{K_0}^{(0)}, \mathbf{\mu}_{K_0}^{(0)}, \mathbf{\Sigma}_{K_0}^{(0)}\}\}$，高斯分量初始值设为 5，则初始参数值 $\mathbf{\Theta}^{(0)} = \{\{\omega_1^{(0)}, \mathbf{\mu}_1^{(0)}, \mathbf{\Sigma}_1^{(0)}\}, \cdots, \{\omega_{K_0}^{(0)}, \mathbf{\mu}_{K_0}^{(0)}, \mathbf{\Sigma}_{K_0}^{(0)}\}\}$ 计算方法为

$$\mathbf{\mu}_k^{(0)} = \mathbf{v}_k, \ k = 1, \cdots, K_0 \qquad (2\text{-}33)$$

$$\boldsymbol{\Sigma}_k^{(0)} = \frac{\sum_{p=1}^{N_k} (\boldsymbol{x}_p - \boldsymbol{v}_k)(\boldsymbol{x}_p - \boldsymbol{v}_k)^{\mathrm{T}}}{N_k}, \quad \boldsymbol{x}_p \in \boldsymbol{A}_k \tag{2-34}$$

$$\omega_k^{(0)} = \frac{(\hat{d}_k^{(0)} - \bar{d}_k^{(0)})}{\sum_{k=1}^{K_0} (\hat{d}_k^{(0)} - \bar{d}_k^{(0)})} \tag{2-35}$$

其中，N_k 表示第 k 个簇的样本数量，$\boldsymbol{A}_k$ 为第 k 个簇的样本集合，$\boldsymbol{v}_k$ 为第 k 个簇的均值，$\hat{d}_k^{(0)} = \sum_{j=1}^{K_0} \|\boldsymbol{\mu}_k - \boldsymbol{\mu}_j\|^2 / K_0$，$\bar{d}_k^{(0)} = \sum_{p \in \boldsymbol{A}_k} \|\boldsymbol{x}_p - \boldsymbol{\mu}_k\|^2 / N_k$。

(3)采用 EM 算法估计 GMM 的极大似然分布参数 $\boldsymbol{\Theta}^* = \{\{\omega_1^*, \boldsymbol{\mu}_1^*, \boldsymbol{\Sigma}_1^*\}, \cdots, \{\omega_K^*, \boldsymbol{\mu}_K^*, \boldsymbol{\Sigma}_K^*\}, \boldsymbol{\Theta}_k^* = \{\omega_k^*, \boldsymbol{\mu}_k^*, \boldsymbol{\Sigma}_k^*\}, 1 \leqslant k \leqslant K$，其中权重由公式(2-32)计算。

(4)给定一个置信度 $(1-\alpha) \times 100\%$ 和控制限 $(1-\alpha)$。

(5)给定测试样本 $\boldsymbol{x}_t \in \mathbb{R}^m$，$t=1, \cdots, L$，并计算其对应的 BIP 指标值。如果某个测试样本的 BIP 指标值超过控制限值，则测试样本为故障样本，否则测试样本为正常样本。

(6)如果测试正常样本数量 N_t 大于 $0.8 \times L$，则进入步骤(7)，否则返回步骤(5)。

(7)在固定移动窗口大小的情况下，通过公式(2-27)更新训练样本，然后返回步骤(3)。

2.3.3　实验验证

在本部分中，采用美国国家航空航天局(NASA)格伦研究中心转动动力学实验室的发动机涡轮盘检测数据集进行性能评估，其更多细节可以在一些参考文献[24]中找到。

检测率(Detection Rate，DR)、假阴性率(False Negative Rate，FNR)和假阳性率(False Positive Rate，FPR)用于评估提出的故障检测算法的性能，其中 DR 代表正确识别故障样本的百分比，FNR 代表错误识别故障样本的百分比，FPR 代表正常样本识别为故障样本的百分比。

2.3.3.1　检测性能分析

为了模拟发动机涡轮盘工作状态的动态特性，设置训练样本为 200 个，包括：100 个 3000r/min 情况下的正常样本，100 个 4000r/min 情况下的正常样本。测试样本共计 700 个样本点，其中：1～100 样本点为 3000r/min 情况下的正常样本，101～300 样本点为 5000r/min 情况下的正常样本，301～400 样本点为 3000r/min 情况下的正常样本，401～700 样本点为故障样本。自适应 GMM 方法和静态 GMM 方法的实验结果如图 2-9 所示。

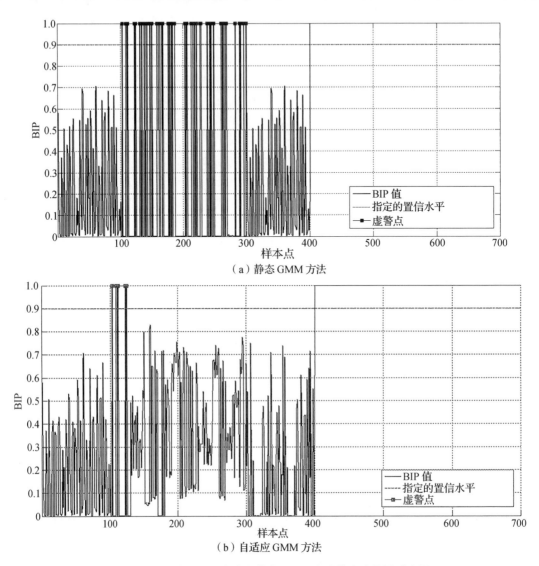

图 2-9　自适应 GMM 方法和静态 GMM 方法的实验结果对比图

　　从图 2-9(a)可以看出静态 GMM 方法在第 100 个样本后出现大量虚警点，而在第 300～400 个样本后 BIP 值回落到正常范围内。从图 2-9(b)可以看出自适应 GMM 方法在第 100～120 个样本之间出现少量虚警点，而在第 150 个样本后 BIP 值回落到正常范围内。出现上述不同现象的原因是：基于静态 GMM 方法的检测模型未对发动机涡轮盘工作状态的动态特性进行修正，然而基于自适应 GMM 方法的检测模型可以根据数据特征自适应跟踪发动机涡轮盘工作状态的动态特性。相比于静态 GMM 方法，自适应 GMM 方法在发动机涡轮盘故障检测中具有更大优势。

2.3.3.2 检测模型比较分析

采用三种发动机涡轮盘故障检测方法：多模态 PCA、经典 GMM 和自适应 GMM 进行比较分析，设置训练样本和测试样本数量分别为 300 和 2000（包括：1000 个正常样本和 1000 个故障样本），训练样本和测试样本均从发动机涡轮盘检测数据集中随机选择。

在多模态 PCA 检测模型中，主成分阈值 α 设定为 90%，SPE 置信度 η 设定为 0.99。对于经典 GMM 检测模型，通过经典的 EM 算法进行训练。对于自适应 GMM 检测模型，通过改进的 EM 算法进行训练。多模态 PCA、经典 GMM 和自适应 GMM 分别进行了 10 次独立重复实验，记录了 DR、FNR 和 FPR，如表 2-6 所示。

表 2-6　多模态 PCA、经典 GMM 和自适应 GMM 模型检测性能对比

方　法	DR/%	FNR/%	FPR/%
多模态 PCA 模型	100	0	13.91
经典 GMM 模型	92.77	7.22	0.15
自适应 GMM 模型	99.91	0.09	1.35

从表 2-6 可以看出，多模态 PCA 检测模型的 DR 较高，为 100%；但其 FPR 也较高，为 13.91%。经典 GMM 检测模型的 DR 为 92.77%；FPR 较低，为 0.15%。而自适应 GMM 检测模型的 DR 为 99.91%，与多模态 PCA 模型相当，同时自适应 GMM 检测模型的 FPR 较低，为 1.35%。综合考虑 DR、FNR 和 FPR 三个指标来看，自适应 GMM 故障检测模型相对于多模态 PCA 和经典 GMM 检测模型具有更优异的性能。

第 3 章　电动舵机故障诊断

3.1 概述

电动舵机主要由舵机控制器、伺服电机、齿轮减速器、滚珠丝杠及位置传感器等部件组成。电动舵机按运行方式可分为直线型和旋转型两种，其中：直线型电动舵机已在波音 787 的扰流板驱动和空客 A380 的缝翼驱动中得到实际应用[36]，其主要由电机、齿轮箱、螺杆螺母和滚珠等部件构成，基本结构如图 3-1 所示。

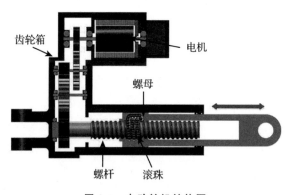

图 3-1　电动舵机结构图

电动舵机在正常工作时，舵机控制系统接收来自飞行控制计算机的指令信号，产生相应的控制信号驱动伺服电机转动。伺服电机通过连接键与齿轮减速器相连接，齿轮减速器再带动滚珠丝杠转动，进而推动螺母做直线运动，使其在规定的响应时间内精确地移动至指定位置。螺母位移由位置传感器反馈给飞行控制计算机，以判断是否到达指定位置。如果螺母未到达指定位置，系统将发出新控制指令形成闭环反馈控制。

目前电动舵机的故障类型通常可以分为：机械故障、电机故障、传感器故障、电气故障四个类别[37]。

（1）机械故障

电动舵机机械故障主要有两种：阻塞故障和破损故障，通常是由过载、润滑问题、环境因素、结构设计缺陷等因素引发。阻塞故障是指当一块碎片或一个变形的滚珠堵塞回流通道，滚珠的循环过程被阻止，从而导致舵机无法正常运行。破损故障是指金属表面的高应力接触点出现压痕或裂痕，严重的破损故障可能会导致金属碎片从舵机组件上分离，产生潜在的危险碎片。对于直线型电动舵机而言，螺母、丝杠以及滚珠的接触面都可能发生破损。破损故障发生后，舵机的振动幅度可能增加，进而导致舵机中的其他组件损坏[38]。

（2）电机故障

电机通常处于高速运转状态，高转速工作会导致电机局部温度上升，并产生较大的机械应力，可能导致电机发生绕组短路、转子轴偏心等问题[39]。典型的电机故障包括绕组短路、导线磨损、转子偏心、接触不良等。电机故障从早期逐渐发展到电动舵机彻底失效，是一个渐进的过程，即当一些电机故障发生时，电动舵机不会立刻失效，仍会继续工作一段时间。因此，电机故障的早期发现，可以有效降低故障对电动舵机的损害程度。

（3）传感器故障

传感器的典型故障主要包括：无信号、信号偏、信号漂移和信号缩放等几种类型。传感器出现了一定程度的信号偏离、漂移等故障时，电动舵机不会立刻失效，仍会继续工作一段时间，直至传感器信号出现严重失常，电动舵机才会彻底失效。因此，传感器故障的早期发现，对保障电动舵机正常运行具有重大意义。

（4）电气故障

电动舵机典型电气故障包括：电源短路或者断路、控制器故障（例如，控制器电容或晶体管发生介质击穿、接触不良、线路老化等）等几种类型[40]。

3.2 基于 DaLSTM 的电动舵机故障诊断方法

3.2.1 DaLSTM 故障诊断模型

给定电动舵机时间序列数据 $\boldsymbol{X}^{(k)} = (\boldsymbol{x}_{:,1}^{(k)},\ \boldsymbol{x}_{:,2}^{(k)},\ \cdots,\ \boldsymbol{x}_{:,T}^{(k)}) = (\boldsymbol{x}_{1,:}^{(k)},\ \boldsymbol{x}_{2,:}^{(k)},\ \cdots,\ \boldsymbol{x}_{N,:}^{(k)})^{\mathrm{T}} \in$

$\mathbb{R}^{N \times T}$，其中 $k \in \{1, 2, \cdots, K\}$ 为第 k 类故障，$\pmb{x}_{i,:}^{(k)} = (x_{i,1}^{(k)}, x_{i,2}^{(k)}, \cdots, x_{i,T}^{(k)})^{\mathrm{T}} \in \mathbb{R}^{T}$ 为第 i 个传感器在第 k 类故障中采样长度为 T 的时间序列，$\pmb{x}_{:,t}^{(k)} = (x_{1,t}^{(k)}, x_{2,t}^{(k)}, \cdots, x_{N,t}^{(k)})^{\mathrm{T}} \in \mathbb{R}^{N}$ 为第 k 类故障中 N 个传感器在 t 时刻的采样值，$x_{i,t}^{(k)}$ 为第 k 类故障中第 i 个传感器在 t 时刻的采样值（$1 \leqslant i \leqslant N$，$1 \leqslant t \leqslant T$）。

3.2.1.1 DaLSTM 编码器

DaLSTM（Dual-stage Attention-based Long Short Term Memory，双阶段注意力长短期记忆网络）编码器采用输入注意力自适应提取各传感器之间的数据特征，其计算方法如下所示[41-42]

$$e_{i,t}^{(k)} = \pmb{v}_e^{(k)\,\mathrm{T}} \tanh(\pmb{W}_e^{(k)} \pmb{h}_{t-1}^{(k)} + \pmb{U}_e^{(k)} \pmb{x}_{i,:}^{(k)} + \pmb{b}_e^{(k)}) \tag{3-1}$$

$$\alpha_{i,t}^{(k)} = \frac{\exp(e_{i,t}^{(k)})}{\sum\limits_{j=1}^{N} \exp(e_{j,t}^{(k)})} \tag{3-2}$$

$$\tilde{\pmb{x}}_t^{(k)} = (\alpha_{1,t}^{(k)} x_{1,t}^{(k)}, \alpha_{2,t}^{(k)} x_{2,t}^{(k)}, \cdots, \alpha_{N,t}^{(k)} x_{N,t}^{(k)})^{\mathrm{T}} \tag{3-3}$$

其中：$\pmb{h}_{t-1}^{(k)} \in \mathbb{R}^p$ 为第 k 类故障在 $t-1$ 时刻 DaLSTM 编码器的隐藏状态，p 为 DaLSTM 编码器隐藏层神经元的数量，$\pmb{v}_e^{(k)}$、$\pmb{b}_e^{(k)} \in \mathbb{R}^T$、$\pmb{W}_e^{(k)} \in \mathbb{R}^{T \times p}$ 和 $\pmb{U}_e^{(k)} \in \mathbb{R}^{T \times T}$ 为需要学习的参数，$\alpha_{i,t}^{(k)}$ 为第 k 类故障中第 i 个传感器在 t 时刻的注意力权重，$\tilde{x}_t^{(k)}$ 为输入信号通过输入注意力加权后得到的值。

DaLSTM 编码器的隐藏状态 $\pmb{h}_t^{(k)}$ 可以通过 LSTM 单元进行更新，计算公式如下所示

$$\pmb{h}_t^{(k)} = \mathrm{LSTM}(\pmb{h}_{t-1}^{(k)}, \tilde{\pmb{x}}_t^{(k)}) \tag{3-4}$$

其中，LSTM（·，·）为标准 LSTM 单元。

3.2.1.2 DaLSTM 解码器

DaLSTM 解码器采用时间注意力在所有时间步中提取相关编码器的隐藏状态信息，其计算方法如下所示[41-42]

$$\ell_{o,t}^{(k)} = \pmb{v}_\ell^{(k)\mathrm{T}} \tanh(\pmb{W}_\ell^{(k)} \pmb{d}_{t-1}^{(k)} + \pmb{U}_\ell^{(k)} \pmb{h}_o^{(k)}) \tag{3-5}$$

$$\beta_{o,t}^{(k)} = \frac{\exp(\ell_{o,t}^{(k)})}{\sum\limits_{m=1}^{T} \exp(\ell_{m,t}^{(k)})} \tag{3-6}$$

$$\pmb{c}_t^{(k)} = \sum_{o=1}^{T} \beta_{o,t}^{(k)} \pmb{h}_o^{(k)} \tag{3-7}$$

其中：$\pmb{d}_{t-1}^{(k)} \in \mathbb{R}^q$ 为第 k 类故障在第 $t-1$ 时刻 DaLSTM 解码器的隐藏状态，q 为 DaL-

STM 解码器隐藏层神经元的数量，$v_\ell^{(k)} \in \mathbb{R}^p$、$W_\ell^{(k)} \in \mathbb{R}^{p \times q}$ 和 $U_\ell^{(k)} \in \mathbb{R}^{p \times p}$ 为需要学习的参数，$\beta_{o,t}^{(k)}$ 为第 k 类故障中第 t 时刻的注意力权重，$c_t^{(k)}$ 为第 k 类故障在第 t 时刻注意力加权后的向量。

DaLSTM 解码器的隐藏状态 $d_t^{(k)}$ 可以通过 LSTM 单元进行更新，计算公式如下所示

$$d_t^{(k)} = \mathrm{LSTM}(d_{t-1}^{(k)}, \ [y_{i,t-1}^{(k)}; \ c_{t-1}^{(k)}]) \tag{3-8}$$

其中：$[y_{i,t-1}^{(k)}; \ c_{t-1}^{(k)}] \in \mathbb{R}^{p+1}$ 为 $y_{i,t-1}^{(k)}$ 与 $c_t^{(k)}$ 的拼接矩阵。

对于 DaLSTM 模型，其目标序列预测值 $\bar{y}_{i,T}^{(k)}$ 的计算方法如下

$$\begin{aligned} \bar{y}_{i,T}^{(k)} &= \mathrm{DaLSTM}(y_{i,1}^{(k)}, \ y_{i,2}^{(k)}, \ \cdots, \ y_{i,T-1}^{(k)}, \ x_{:,1}^{(k)}, \ x_{:,2}^{(k)}, \ \cdots, \ x_{:,T}^{(k)}) \\ &= v_\omega^{(k)\mathrm{T}} \tanh(W_\omega^{(k)} [c_t^{(k)}; \ d_t^{(k)}] + b_\omega^{(k)}) + b_v^{(k)} \end{aligned} \tag{3-9}$$

其中：$[c_t^{(k)}; \ d_t^{(k)}] \in \mathbb{R}^{p+q}$ 为 $c_t^{(k)}$ 与 $d_t^{(k)}$ 的拼接矩阵，$W_\omega^{(k)} \in \mathbb{R}^{q \times (p+q)}$，$b_\omega^{(k)} \in \mathbb{R}^q$、$v_\omega^{(k)} \in \mathbb{R}^q$ 和 $b_v^{(k)} \in \mathbb{R}$ 为需要学习的参数。

3.2.1.3 决策函数

基于 DaLSTM 的电动舵机故障诊断决策函数计算方法如下

$$k = \underset{k}{\mathrm{argmin}} \sqrt{\sum_{i=1}^{N} \sum_{\lambda=1}^{H} (\tilde{y}_{i,T+\lambda}^{(k)} - x_{i,T+\lambda})^2} \tag{3-10}$$

其中：H 为检测窗口长度，$x_{i,T+\lambda}$ 为第 i 个传感器在 $T+\lambda$ 的采样值，$\tilde{y}_{i,T+\lambda}^{(k)}$ 为在 $T+\lambda$ 时刻的预测值，k 表示 DaLSTM 故障诊断模型的诊断结果。

3.2.2 实验验证

选取美国国家航空航天局艾姆斯研究中心采集的电动舵机数据集[43]作为实验数据，选取位置、电流、电压、温度和负载等 12 个传感器信号作为模型输入，如表 3-1 所示。

表 3-1 电动舵机传感器信号

电动舵机传感器信号			
1	Actuator Z position	4	Motor Y current
2	Measured load	5	Motor Z current
3	Motor X current	6	Motor X voltage

表3-1(续)

电动舵机传感器信号			
7	Motor Y voltage	10	Motor Z temperature
8	Motor X temperature	11	Nut X temperature
9	Motor Y temperature	12	Nut Y temperature

电动舵机的工作状态分为：正常、阻塞故障、破损故障、传感器故障和电机故障 5 种类型。设定每种类型的样本点为 1500 个，其中训练数据样本点为 1000 个，测试数据样本点为 500 个，如表 3-2 所示。

表 3-2　实验数据集设定

故障类型	训练集	测试集
正常	1000	500
阻塞故障	1000	500
破损故障	1000	500
传感器故障	1000	500
电机故障	1000	500

3.2.2.1　时间序列预测实验

选择 LSTM、Encoder-Decoder[44]、Input-Attn（Encoder-Decoder with Input-Attention）、Temporal-Attn（Encoder-Decoder with Temporal-Attention）[45]、DaLSTM 5 种模型进行时间序列预测性能对比实验。输入的传感器采样数据长度 $T=20$，隐藏层神经元的数量 $p=q=128$，采用均方误差作为损失函数，神经网络优化器为 Adam，学习率设定为 0.001。所有模型都进行 10 次实验，取 10 次结果的平均值代表模型的真实性能。

以 Motor Y voltage 参数为例，DaLSTM 模型预测值和采样值的统计分布如图 3-2 所示。

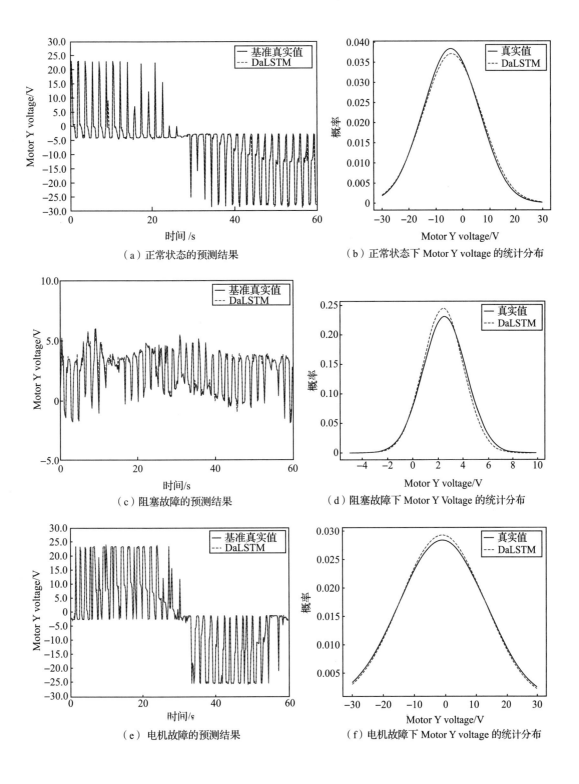

（a）正常状态的预测结果

（b）正常状态下 Motor Y voltage 的统计分布

（c）阻塞故障的预测结果

（d）阻塞故障下 Motor Y Voltage 的统计分布

（e）电机故障的预测结果

（f）电机故障下 Motor Y voltage 的统计分布

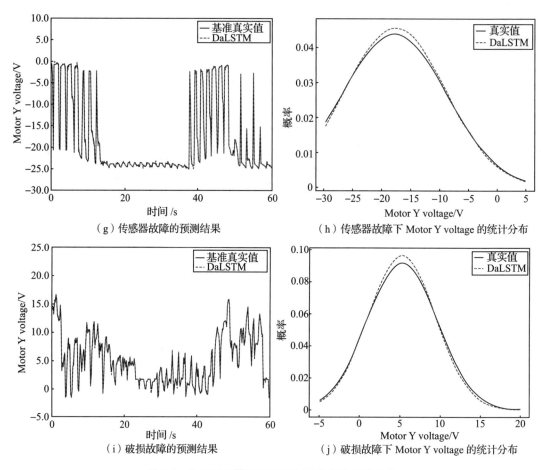

（g）传感器故障的预测结果

（h）传感器故障下 Motor Y voltage 的统计分布

（i）破损故障的预测结果

（j）破损故障下 Motor Y voltage 的统计分布

图 3-2　DaLSTM 模型预测值和采样值的统计分布

　　从图 3-2 可以看出，DaLSTM 模型预测结果与采样值无显著差异，且统计分布非常相近。另外，在正常状态、阻塞故障、破损故障、传感器故障和电机故障 5 种工作状态等情况下，统计 LSTM、Encoder-Decoder、Input-Attn、Temporal-Attn、DaLSTM 5 种模型的均方根误差（Root Mean Squared Error，RMSE）和平均绝对误差（Mean Absolute Error，MAE）两个评价指标，如表 3-3 所示。

表 3-3　不同状态下 RMSE、MAE 比较结果

模型	正常状态		阻塞故障		破损故障		传感器故障		电机故障	
	RMSE	MAE	RMSE	MAE	RMSE	MAE	RMSE	MAE	RMSE	MAE
LSTM	0.5513	0.3740	0.3414	0.6917	0.4256	0.5434	0.6869	0.4016	0.7374	0.3856
Encoder-Decoder	0.3856	0.3240	0.3849	0.3011	0.1583	0.1306	0.4002	0.3681	0.4105	0.3433

表3-3(续)

模型	正常状态		阻塞故障		破损故障		传感器故障		电机故障	
	RMSE	MAE	RMSE	MAE	RMSE	MAE	RMSE	MAE	RMSE	MAE
Input-Attn	0.3832	0.3221	0.4294	0.3061	0.1531	0.1291	0.4097	0.3772	0.4049	0.3373
Temporal-Attn	0.4272	0.3810	0.3821	0.2721	0.5111	0.4947	0.6702	0.5445	0.2601	0.2256
DaLSTM	0.3589	0.3210	0.2469	0.1891	0.1501	0.1191	0.2646	0.2189	0.2357	0.2187

从表 3-3 可以看出，DaLSTM 模型在不同工作状态中的 MAE 和 RMSE 均为最小，相比 LSTM、Encoder-Decoder、Input-Attn、Temporal-Attn 等方法，DaLSTM 模型的预测结果具有更小的 MAE 和 RMSE。

3.2.2.2　决策函数有效性分析

为了直观地展示决策函数对 DaLSTM 故障诊断模型的影响，记录正常状态、阻塞故障、破损故障、传感器故障和电机故障 5 种工作状态对应的决策误差，如图 3-3 所示。

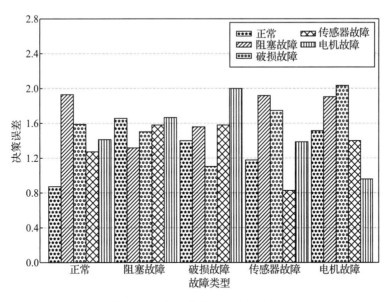

图 3-3　不同工作状态的决策误差

从图 3-3 可以看出，决策函数在正常状态、阻塞故障、破损故障、传感器故障和电机故障 5 种工作状态下均具有较好的区分度。以正常状态为例，正常状态比阻塞故障低 1.0593，比破损故障低 0.7128，比传感器故障低 0.4008，比电机故障低 0.5393，直观证明了 DaLSTM 故障诊断模型的决策函数可以有效区分电动舵机各种故障类型。

3.2.2.3 对比实验

采用 LSTM、支持向量机（Support Vector Machine，SVM）和 DaLSTM 三种电动舵机故障检测模型进行比较分析，相关参数设定如下：

（1）基于 LSTM 的故障诊断模型中训练样本采样点数目为 1000，测试样本采样点数目为 500，故障诊断窗口长度为 20；

（2）基于 SVM 的故障诊断模型，训练样本采样点数目为 1000，测试样本采样点数目为 500，故障诊断窗口长度为 20；

（3）基于 DaLSTM 的故障诊断模型，训练样本采样点数目为 1000，测试样本采样点数目为 500，故障诊断窗口长度分别为 5 和 11。

LSTM、SVM 和 DaLSTM 故障诊断模型的混淆矩阵如图 3-4 所示。

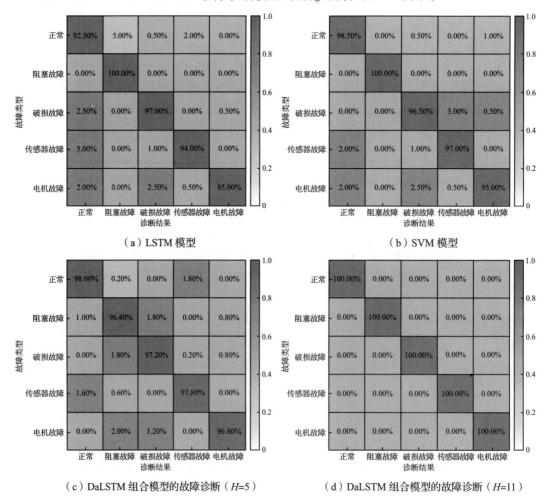

图 3-4　不同类型模型的混淆矩阵

从图 3-4 可以看出，基于 LSTM 的故障诊断模型的平均故障诊断准确率为 95.7%，基于 SVM 的故障诊断模型的平均故障诊断准确率为 97.4%。当 $H=5$ 时，基于 DaL-STM 的故障诊断模型的平均故障诊断准确率为 97.3%；当 $H=11$ 时，基于 DaLSTM 的故障诊断模型的平均故障诊断准确率为 100%。由此可见，基于 DaLSTM 的故障诊断模型在故障诊断方面有良好的性能。

3.3 基于 STL-HSTA-GRU 的电动舵机故障诊断方法

3.3.1 STL-HSTA-GRU 故障诊断模型

3.3.1.1 时间序列分解

采用 STL(Seasonal-Trend decomposition procedures based on Loess)[46-49] 分解方法可以将目标序列 $\boldsymbol{y}=(y_1,\ y_2,\ \cdots,\ y_T)^T \in \mathbb{R}^T$ 和特征序列 $\boldsymbol{X}=(\boldsymbol{x}^1,\ \boldsymbol{x}^2,\ \cdots,\ \boldsymbol{x}^{N-1})^T = (\boldsymbol{x}_1,\ \boldsymbol{x}_2,\ \cdots,\ \boldsymbol{x}_T) \in \mathbb{R}^{(N-1)\times T}$ 分别分解成趋势分量、周期分量和残差分量，分解方法如下所示

$$\boldsymbol{y}=\boldsymbol{y}\_\boldsymbol{t}+\boldsymbol{y}\_\boldsymbol{s}+\boldsymbol{y}\_\boldsymbol{r} \tag{3-11}$$

$$\boldsymbol{X}=\boldsymbol{X}\_\boldsymbol{T}+\boldsymbol{X}\_\boldsymbol{S}+\boldsymbol{X}\_\boldsymbol{R} \tag{3-12}$$

其中，$\boldsymbol{y}\_\boldsymbol{t}=(y\_t_1,\ y\_t_2,\ \cdots,\ y\_t_T)^T \in \mathbb{R}^T$ 为目标序列的趋势分量，$\boldsymbol{X}\_\boldsymbol{T}=(\boldsymbol{x}\_\boldsymbol{t}^1,\ \boldsymbol{x}\_\boldsymbol{t}^2,\ \cdots,\ \boldsymbol{x}\_\boldsymbol{t}^{N-1})^T=(\boldsymbol{x}\_\boldsymbol{t}_1,\ \boldsymbol{x}\_\boldsymbol{t}_2,\ \cdots,\ \boldsymbol{x}\_\boldsymbol{t}_T) \in \mathbb{R}^{(N-1)\times T}$ 为特征序列的趋势分量。$\boldsymbol{y}\_\boldsymbol{s}=(y\_s_1,\ y\_s_2,\ \cdots,\ y\_s_T)^T \in \mathbb{R}^T$ 为目标序列的周期分量，$\boldsymbol{X}\_\boldsymbol{S}=(\boldsymbol{x}\_\boldsymbol{s}^1,\ \boldsymbol{x}\_\boldsymbol{s}^2,\ \cdots,\ \boldsymbol{x}\_\boldsymbol{s}^{N-1})^T=(\boldsymbol{x}\_\boldsymbol{s}_1,\ \boldsymbol{x}\_\boldsymbol{s}_2,\ \cdots,\ \boldsymbol{x}\_\boldsymbol{s}_T) \in \mathbb{R}^{(N-1)\times T}$ 为特征序列的周期分量。$\boldsymbol{y}\_\boldsymbol{r}=(y\_r_1,\ y\_r_2,\ \cdots,\ y\_r_T)^T \in \mathbb{R}^T$ 为目标序列的残差分量。$\boldsymbol{X}\_\boldsymbol{R}=(\boldsymbol{x}\_\boldsymbol{r}^1,\ \boldsymbol{x}\_\boldsymbol{r}^2,\ \cdots,\ \boldsymbol{x}\_\boldsymbol{r}^{N-1})^T=(\boldsymbol{x}\_\boldsymbol{r}_1,\ \boldsymbol{x}\_\boldsymbol{r}_2,\ \cdots,\ \boldsymbol{x}\_\boldsymbol{r}_T) \in \mathbb{R}^{(N-1)\times T}$ 为特征序列的残差分量。

以电动舵机的电压时间序列为例，其 STL 分解示例如图 3-5 所示。

从图 3-5 可以看出，通过 STL 分解可以将高频噪声从趋势分量和周期分量中分离出来，这有助于独立预测趋势分量、周期分量和残差分量，而不受其他两个分量的干扰。

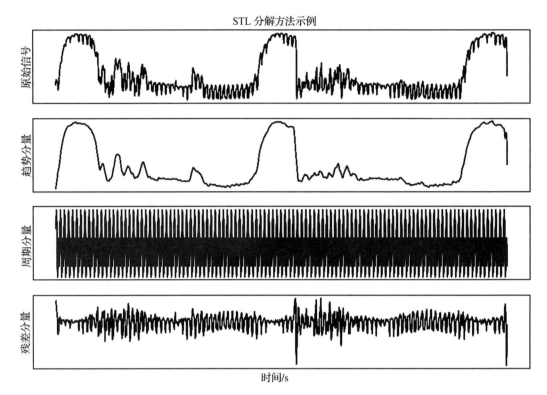

图 3-5　STL 分解示例图

3.3.1.2　电动舵机传感器数据预测

（1）周期延拓

对于特征序列的周期分量 y_s，采用周期延拓方法进行预测。假设目标时间序列的分解周期为 Q，则目标序列周期分量在 $t+Q$ 时刻的预测值与目标序列周期分量在 t 时刻的历史值相同。周期延拓计算方法如下

$$\widehat{y\_s_{t+Q}}=y\_s_t, \ t\in\{1, \ 2, \ \cdots, \ T\} \tag{3-13}$$

其中，$\widehat{y\_s_{t+Q}}$ 表示目标序列周期分量在 $t+Q$ 时刻的预测值，y_s_t 表示 t 时刻的历史值。因此，特征序列的周期分量预测值可以表示为 $\widehat{y\_s}=(y\_s_{T+1}, \ y\_s_{T+2}, \ \cdots, \ y\_s_{T+\tau})^{\mathrm{T}}\in\mathbb{R}^{\tau}$。

（2）HSTA-GRU 模型

对于特征序列的趋势分量和残差分量，采用 HSTA-GRU(Hybrid-Spatial and Temporal Attention-based Gated Recurrent Unit)模型进行预测。HSTA-GRU 模型能够捕捉多个时间序列之间的时空关系，从而实现目标序列的准确预测，其基本结构如图 3-6 所示。

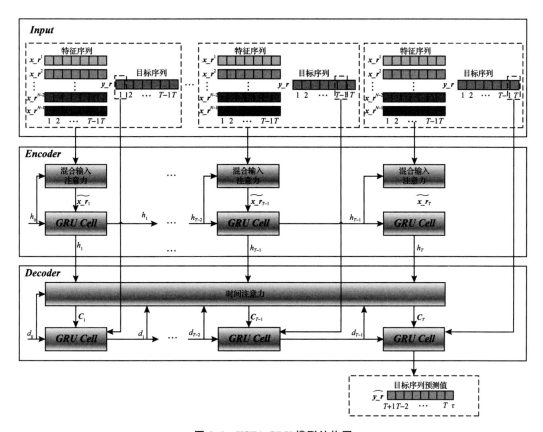

图 3-6 HSTA-GRU 模型结构图

HSTA-GRU 模型主要包括：编码器和解码器两部分。在编码器中，采用混合输入注意机制捕捉输入特征和目标序列之间复杂的空间相关性。在解码器中，采用时间注意机制提取输入特征不同时刻之间的动态时间相关性。由于用于预测趋势分量 y_t 和残差分量 y_r 的方法和过程是相同的，这里就以残差分量 y_r 为例来说明预测过程。

（1）混合输入注意力机制

混合输入注意力机制[50-51]可以自适应地提取目标序列与特征序列之间的相关关系，在预测目标序列时对不同特征序列进行加权，从而选择有助于预测目标序列的信息，其注意力权重计算方法如下

$$e_t^i = \boldsymbol{v}_e^{\mathrm{T}} \cdot \tanh(\boldsymbol{W}_e \cdot \boldsymbol{h}_{t-1} + \boldsymbol{U}_e \cdot \boldsymbol{x}\_\boldsymbol{r}^i + \boldsymbol{b}_e) \tag{3-14}$$

其中，$\boldsymbol{h}_{t-1} \in \mathbb{R}^p$ 是编码器在 $t-1$ 时刻的隐藏层状态，p 是编码器 GRU 神经网络隐藏层神经元的数量，$\boldsymbol{v}_e$、$\boldsymbol{b}_e \in \mathbb{R}^T$，$\boldsymbol{W}_e \in \mathbb{R}^{T \times p}$ 和 $\boldsymbol{U}_e \in \mathbb{R}^{T \times T}$ 是待学习的参数。

由于传感器信号之间的关系非常复杂，目标传感器信号可能会同时受到多个传感器数据的影响，而偏相关系数可以很好地消除信号之间的影响，仅反映目标序列与特征序列之间的相关性[51]。偏相关系数的绝对值定义如下

$$M_i = \left| \operatorname{partialcorr}(\boldsymbol{y}\_\boldsymbol{r}, \boldsymbol{x}\_\boldsymbol{r}^i) \right| \tag{3-15}$$

其中，$\boldsymbol{y}\_\boldsymbol{r}$ 为目标序列残差分量，$\boldsymbol{x}\_\boldsymbol{r}^i$ 为第 i 个特征序列残差分量。在 t 时刻时第 i 个特征序列残差分量注意力权重计算方法如下

$$\alpha_t^i = \frac{\exp((1-\lambda)e_t^i + \lambda M_i)}{\sum\limits_{j=1}^{N-1} \exp((1-\lambda)e_t^j + \lambda M_j)} \tag{3-16}$$

其中，λ 是可以调节的超参数。特征序列残差分量在 t 时刻被混合输入注意力加权后的值，如下所示

$$\widetilde{\boldsymbol{x}\_\boldsymbol{r}_t} = (\alpha_t^1 x\_r_t^1, \ \alpha_t^2 x\_r_t^2, \ \cdots, \ \alpha_t^{N-1} x\_r_t^{N-1})^{\mathrm{T}} \tag{3-17}$$

（2）时间注意力机制

引入时间注意力机制可以使模型自适应地选择与目标序列相关的编码器隐藏层信息[52]，其计算过程如下所示

$$\ell_t^o = \boldsymbol{v}_\ell^{\mathrm{T}} \cdot \tanh(\boldsymbol{W}_\ell \cdot \boldsymbol{d}_{t-1} + \boldsymbol{U}_\ell \cdot \boldsymbol{h}_o + \boldsymbol{b}_\ell) \tag{3-18}$$

$$\beta_t^o = \frac{\exp(\ell_t^o)}{\sum\limits_{j=1}^{p} \exp(\ell_t^j)} \tag{3-19}$$

$$\boldsymbol{C}_t = \sum_{o=1}^{T} \beta_t^o \boldsymbol{h}_o \tag{3-20}$$

其中，$\boldsymbol{d}_{t-1} \in \mathbb{R}^q$ 是解码器 GRU 在 $t-1$ 时刻的隐藏状态，q 是解码器 GRU 神经网络隐藏层神经元的数量，$\boldsymbol{v}_\ell$、$\boldsymbol{b}_\ell \in \mathbb{R}^p$、$\boldsymbol{W}_\ell \in \mathbb{R}^{p \times q}$ 和 $\boldsymbol{U}_\ell \in \mathbb{R}^{p \times p}$ 是待学习的参数，ℓ_t^o 表示 t 时刻时第 o 个编码器隐藏状态与目标序列的关联程度，β_t^o 表示 t 时刻时第 o 个编码器隐藏状态的注意力权重，$\boldsymbol{C}_t$ 表示 t 时刻所有编码器隐藏状态信息被时间注意力机制加权后的融合值。

（3）时间序列预测

编码器隐藏层状态 $\boldsymbol{h}_t$ 计算方法如下所示

$$\boldsymbol{h}_t = f_e(\boldsymbol{h}_{t-1}, \widetilde{\boldsymbol{x}\_\boldsymbol{r}_t}) \tag{3-21}$$

其中，f_e 表示编码器 GRU。解码器隐藏层状态 $\boldsymbol{d}_t$ 的计算方法如下

$$\boldsymbol{d}_t = f_d(\boldsymbol{d}_{t-1}, [y\_r_t; \boldsymbol{C}_t]) \tag{3-22}$$

其中，f_d 表示解码器 GRU，$[y\_r_t; \boldsymbol{C}_t] \in \mathbb{R}^{p+1}$ 是 $\boldsymbol{C}_t$ 与 y_r_t 的矩阵拼接。

目标序列残差分量预测值 $\widehat{y\_r}$ 计算方法如下

$$\widehat{y\_r} = \boldsymbol{v}_y^{\mathrm{T}}(\boldsymbol{W}_y[\boldsymbol{C}_T; \boldsymbol{d}_T] + \boldsymbol{b}_y) + \boldsymbol{b}_o \tag{3-23}$$

其中，参数 $\boldsymbol{v}_y \in \mathbb{R}^{\tau \times q}$、$\boldsymbol{W}_y \in \mathbb{R}^{q \times (p+q)}$、$\boldsymbol{b}_y \in \mathbb{R}^q$ 和 $\boldsymbol{b}_o \in \mathbb{R}^\tau$ 为待学习的参数，$[\boldsymbol{C}_T; \boldsymbol{d}_T] \in \mathbb{R}^{p+q}$ 表示 $\boldsymbol{C}_T$ 与 $\boldsymbol{d}_T$ 的矩阵拼接矩阵。

通过以上方法，模型可以得到目标序列趋势分量的预测值 $\widehat{y\_t}$ 与目标序列残差分量的预测值 $\widehat{y\_r}$。因此，目标序列预测值 $\hat{y} = (\hat{y}_{T+1}, \hat{y}_{T+2}, \cdots, \hat{y}_{T+\tau}) \in \mathbb{R}^\tau$ 计算方法如下

$$\hat{y} = \widehat{y\_t} + \widehat{y\_s} + \widehat{y\_r} \tag{3-24}$$

其中，$\widehat{y\_s}$ 表示目标序列周期分量的预测值，$\widehat{y\_t}$ 表示目标序列趋势分量的预测值，$\widehat{y\_r}$ 表示目标序列残差分量的预测值。

3.3.1.3 决策函数

设第 k 种故障条件下的电动舵机传感器信号表示为 $\boldsymbol{F}_k = (\boldsymbol{f}_k^1, \boldsymbol{f}_k^2, \cdots, \boldsymbol{f}_k^N)^{\mathrm{T}} \in \mathbb{R}^{N \times M}$，其中，$\boldsymbol{f}_k^i = (f_{k,1}^i, f_{k,2}^i, \cdots, f_{k,M}^i)^{\mathrm{T}} \in \mathbb{R}^M$ 表示第 i 个传感器信号在第 k 种故障条件下的真实值，M 表示数据的长度。$\hat{y}_k^i = (\hat{y}_{k,1}^i, \hat{y}_{k,2}^i, \cdots, \hat{y}_{k,\ell}^i)^{\mathrm{T}} \in \mathbb{R}^\ell$ 表示第 i 个传感器的预测值序列，ℓ 表示预测值序列长度。采用各个传感器预测值与真实值的平均绝对误差之和作为预测的误差值，计算过程如下

$$\mathbf{MAE}_k^i = \frac{1}{\ell} \sum_{j=1}^{\ell} |f_{k,j}^i - \hat{y}_{k,j}^i| \tag{3-25}$$

$$\mathbf{MAE}_k = \sum_{i=1}^{N} \mathbf{MAE}_k^i \tag{3-26}$$

其中 $\mathbf{MAE}_k^i$ 表示 $\mathbf{DA\text{-}GRU}_k^i$ 的预测误差，$\mathbf{MAE}_k$ 表示 $\mathbf{DA\text{-}GRU}_k$ 的预测误差。通过控制窗口滑动的长度 ℓ 来控制 $\mathbf{DA\text{-}GRU}_k$ 预测误差的大小[53-55]，可以在不同的数据集中通过灵活调整 ℓ 的大小来保证算法进行故障诊断的效率和精度。

因此，STL-HSTA-GRU 故障诊断决策函数如下

$$\mathrm{Fault}_k = \underset{k}{\mathrm{argmin}} \mathbf{MAE}_k, \quad k \in \{1, 2, \cdots, K\} \tag{3-27}$$

其中，Fault_k 表示诊断结果为第 k 类故障。

3.3.2 实验验证

3.3.2.1 实验设计

为了验证算法的有效性，采用美国国家航空航天局艾姆斯研究中心采集的电动舵机数据集[43]对所提出的算法进行实验验证，所有实验均选取 12 个传感器信号作为模型输入，包括位置、电流、电压、温度和负载等参数，如表 3-4 所示。

表 3-4　实验数据集中的电动舵机传感器信号

电动舵机传感器信号	
Actuator Z position	Motor Y voltage
Measured load	Motor X temperature
Motor X current	Motor Y temperature
Motor Y current	Motor Z temperature
Motor Z current	Nut X temperature
Motor X voltage	Nut Y temperature

实验设定每种故障共 4000 个样本点，前 2000 个样本点作为训练样本训练神经网络，后 2000 个样本作为测试样本。在故障诊断实验中，每种故障进行 400 次故障诊断实验。实验数据集的具体设定如表 3-5 所示。

表 3-5　实验数据集设定

故障类型	传感器数量	训练集	测试集
正常	12	2000	2000
阻塞故障	12	2000	2000
破损故障	12	2000	2000
传感器故障	12	2000	2000
电机故障	12	2000	2000

为了验证故障诊断模型在故障早期的诊断能力，增加了电机故障与传感器故障处于早期阶段时的数据。为了直观地展示这两种故障的发展过程，将传感器故障状态下的位置参数和电压参数、电机故障状态下的位置参数和电压参数分别绘制在图 3-7 中。

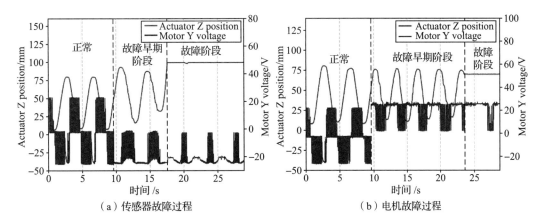

（a）传感器故障过程　　　　　　　　　（b）电机故障过程

图 3-7　故障发展过程图

由图 3-7(a)和图 3-7 (b)可以看出，当传感器故障和电机故障发生时，电动舵机不会在故障发生后立即失效。在故障的早期阶段，电动舵机仍在工作，传感器信号从正常状态变化到故障状态存在一个过渡阶段。位置参数 Actuator Z position 和电压参数 Motor Y voltage 分别反映了电动舵机的运动轨迹和电压变化，它们在故障发展过程中相较其他参数变化更加明显，可以更好地展示故障的发展过程。

3.3.2.2　时间序列预测实验

(1)实验参数设置

设定输入的传感器数据长度 $T=24$，编码器与解码器的隐藏层参数 $p=q=128$，模型预测的时间序列长度 τ 为 120，神经网络模型的学习率为 0.001。超参数 λ 的网格搜索空间为 $\{0.01, 0.05, 0.1, 0.2, 0.3, 0.4, 0.5, 0.6, 0.7, 0.8, 0.9, 1.0\}$，HSTA-GRU 模型和 STL-HSTA-GRU 模型在不同超参数 λ 设定下的预测性能如图 3-8 所示。

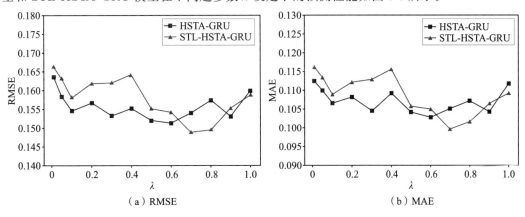

（a）RMSE　　　　　　　　　　（b）MAE

图 3-8　HSTA-GRU 和 STL-HSTA-GRU 在不同超参数 λ 下的预测性能

（2）对比实验

为了验证 STL-HSTA-GRU 模型性能，选择 LSTM、GRU、Encoder-Decoder、Input-Attn、Temporal-Attn、DA-RNN 和 HSTA-GRU 等模型与 STL-HSTA-GRU 模型进行性能比较。Encoder-Decoder、Input-Attn、Temporal-Attn、DA-RNN 都使用 LSTM 网络作为编码器和解码器。为了提高实验的可信度，对所有模型分别训练 10 次，使用 10 次计算结果的平均值来代表模型的真实性能，不同模型的实验指标对比结果如表 3-6 所示。

表 3-6　实验指标对比结果

模　型	RMSE	MAE
GRU	0.1737	0.1271
LSTM	0.1732	0.1268
Encoder-Decoder	0.1626	0.1151
Input-Attn	0.1589	0.1076
Temporal-Attn	0.1564	0.1056
DA-RNN	0.1530	0.1043
HSTA-GRU	0.1514	0.1028
STL-HSTA-GRU	0.1489	0.0995

由表 3-6 中的结果对比分析可得，STL-HSTA-GRU 模型的 RMSE 和 MAE 都优于其他方法。STL-HSTA-GRU 模型综合了分解策略和注意力机制在时间序列预测中的优点，可以有效实现多变量时间序列的精准多步预测。

3.3.2.3　故障诊断实验

（1）实验参数设置

为了验证 STL-HSTA-GRU 模型的故障诊断能力，首先，使用 STL-HSTA-GRU 模型预测表 3-4 中的所有的电动舵机传感器信号；然后，使用决策函数对预测结果进行分类。故障诊断实验设定有五种故障状态，分别是正常、阻塞故障、破损故障、传感器故障和电机故障。STL-HSTA-GRU 模型的参数设置与时间预测实验的设置相同，预测不同传感器信号时超参数 λ 的最佳设定如表 3-7 所示。

表 3-7　超参数 λ 的最佳设定值

EMA 传感器	超参数 λ	EMA 传感器	超参数 λ
Actuator Z position	0.4	Motor Z current	0.5
Measured load	0.4	Motor X temperature	0.7
Motor X voltage	0.5	Motor Y temperature	0.6
Motor Y voltage	0.7	Motor Z temperature	0.5
Motor X current	0.6	Nut X temperature	0.4
Motor Y current	0.7	Nut Y temperature	0.4

（2）对比实验

为了验证 STL-HSTA-GRU 故障诊断模型的有效性，对每种故障随机进行了 400 次故障诊断实验，并选择 SVM 模型、LSTM 模型作为比较模型。每种故障使用 2000 长度的数据样本来训练模型，5 种故障的训练样本总长度为 10000，每种故障随机进行 400 次故障诊断实验。SVM、LSTM 和 STL-HSTA-GRU 故障诊断的混淆矩阵如图 3-9 所示。

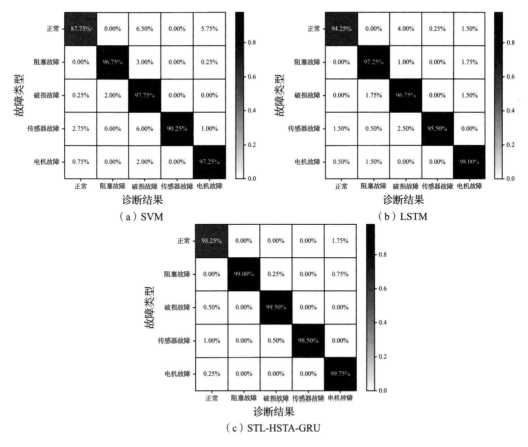

图 3-9　不同模型分类结果的混淆矩阵

由图 3-9 可知，与 SVM 模型、LSTM 模型相比，STL-HSTA-GRU 模型在所有分类模型中具有最高的分类准确度。STL-HSTA-GRU 故障诊断模型的决策函数的分类精度将随着预测精度的提高而提高，在分类任务中具有很高的灵活性和泛化能力。

第4章 飞行控制系统的故障传播路径分析

4.1 概述

飞行控制系统(Flight Control System，FCS)是指依据自动控制装置或驾驶员指令，通过对飞行器的副翼、升降舵、方向舵、襟翼及其他作动装置的操纵，从而控制速度、高度，以及俯仰、滚转和偏航等飞行参数所需要的软硬件综合体[56]，其系统框图如图 4-1 所示。

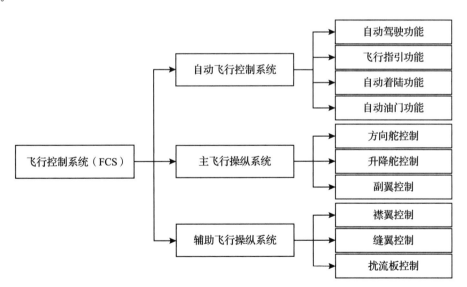

图 4-1 民用飞机飞行控制系统(FCS)系统框图

由图 4-1 可知，民用飞机 FCS 主要出自动飞行控制系统、主飞行操纵系统和辅助飞行操纵系统等组成，其中：自动飞行控制系统主要包括自动驾驶功能、飞行指引功能、自动着陆功能和自动油门功能，用于产生自动控制飞机飞行的所有控制指令；主飞行操纵系统主要包括方向舵控制、升降舵控制和副翼控制，用于根据自动驾驶或者人工驾驶产生的控制指令驱动方向舵、升降舵和副翼；辅助飞行操纵系统主要包括襟翼控制、缝翼控制和扰流板控制，用于根据自动驾驶或者人工驾驶产生的控制指令驱动襟翼、缝翼和扰流板。

随着民用飞机 FCS 功能的不断完善，其内部液压管路、电气线路日益复杂，是一类组成复杂、部件紧耦合的非线性动态控制系统[56-57]。以典型民用飞机俯仰姿态控制通道为例（如图 4-2 所示），可以看出仅仅一个控制通道就配置了多个连续型子系统（液压驱动器、舵机、减速齿轮箱和升降舵）和离散型子系统（飞行控制计算机、功率放大器和各种数字传感器）等。为了提高 FCS 的可靠性，民用飞机 FCS 的每一套子系统都采用了多余度技术，致使 FCS 规模进一步膨胀，具有高维、强非线性、强耦合等系统特性。

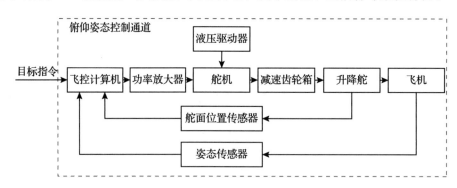

图 4-2 典型民用飞机俯仰姿态控制通道组成（不含余度配置）

如果说发动机是飞机的"心脏"，那么 FCS 就是飞机的"命门"，一旦 FCS 发生故障，尤其是方向舵、升降舵和副翼故障，轻则造成经济损失，重则会酿成机毁人亡的严重空难事故。比较典型的飞行控制系统故障案例包括：①2004 年中国东方航空公司MU5210 航班由于液压系统预热时间不够，小油块流入升降舵驱动器中，导致升降舵失灵并最终在距包头机场 13 号跑道 1～2 km 处坠毁，造成 47 名乘客、6 名机组人员和 2 名地面人员共 55 人罹难。②2018 年和 2019 年波音 737 MAX-8 自动防失速系统设计缺陷引起了印度尼西亚狮子航空公司和埃塞俄比亚航空公司两起空难，由于迎角传感器数据错误，自动失速保护系统认定飞机有失速危险，持续给出了"低头"的指令，最终导致飞机失速坠毁，机上人员全部罹难。

民用飞机 FCS 配置了大量的连续型功能模块（液压驱动器、驾驶杆、脚蹬、伺服阀、各种机械阀门等）和离散型功能模块（控制计算机、动力控制单元、电动驱动器、各种数字传感器等），其液压驱动器、电动驱动器等部件性能下降，伺服阀门、作动杆和机械阀门的不均匀磨损和裂隙，机械阀门和液压管道密闭性不严等微小故障均会通过液压管路、机械结构和电气线路传播、扩散、积累并放大，从而导致 FCS 性能逐步恶化或者直接失效。中国民用航空局飞行标准司航空器使用困难报告（Service Difficulty Reports，SDR）的相关数据真实反映了 FCS 异常突出的故障问题[57]。2020 年 SDR 系统收到飞行控制系统 SDR 共 381 份，仅次于动力装置 SDR 共 463 份，FCS 的安全性和可靠性一直都是航空运输业十分关注的问题。

民用飞机 FCS 正常工作是保障飞行安全的重要条件，一旦飞机 FCS 发生故障，将导致飞机停场、返航甚至空难，直接影响飞行安全。FCS 故障传播路径分析技术通过监测 FCS 健康状态、定位故障根源并识别故障传播路径，为 FCS 全面健康管理提供决策支持，可以有效避免飞机停场及其他运行中断，是保障飞机运行安全性、经济性和准点率的有效手段。

4.2 飞行控制系统实体识别

4.2.1 基于 RBF 注意力的飞行控制系统实体识别方法

基于径向基函数（Radial Basis Function，RBF）注意力的飞行控制系统实体识别方法，以非结构化飞机手册资料为基础，自动获取飞行控制系统实体，主要包括：输入层、BiLSTM（Bidirectional Long-Short Term Memory）层、RBF 注意力层以及双向长短期记忆网络（Conditional Random Fields，CRF）层 4 个部分，其结构如图 4-3 所示。

（1）输入层：将输入文本信息中的序列信息通过词嵌入方式映射成能被 BiLSTM 网络处理的序列向量形式。

（2）BiLSTM 层：通过 BiLSTM 网络的前向和后向网络分别提取句子前向和后向信息，进而有效学习词汇之间的上下文语义信息。

（3）RBF 注意力层：利用 RBF 注意力机制提取序列特征上下文的相对位置信息，并结合特征之间的相关性分配权重，得到文本上下文向量表示。

（4）CRF 层：利用分类函数进行分类，完成飞行控制系统实体识别。

4.2.1.1 字符向量表示层

给定一个文本序列 $S_i = [w_1, w_2, \cdots, w_\ell]$，$w_i$ 表示序列中的每个单词，ℓ 表示序列中单词的个数。对于给定的词嵌入矩阵 $W^{wrd} \in \mathbb{R}^{d_{wrd} \times |V|}$，其中 V 是包含输入序列中

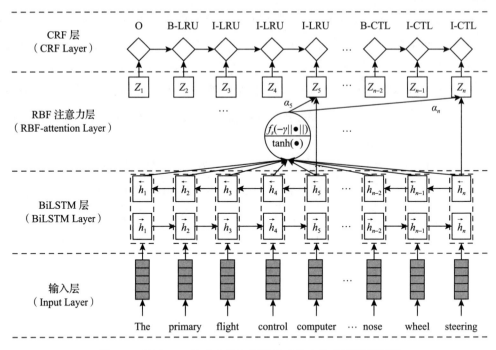

图 4-3　基于 RBF 注意力的飞行控制系统实体识别模型框图

所有单词的词汇表，词嵌入矩阵的维度为 d_{wrd}。采用 Word2vec[58] 将序列单词表示为分布式词向量，用来获取词的语法和句法意义，计算方法如下

$$\boldsymbol{e}_j = \boldsymbol{W}^{wrd} \boldsymbol{v}_j \tag{4-1}$$

式中，$\boldsymbol{v}_j \in \mathbb{R}^{|V|}$ 表示单词 w_j 的 One-Hot 独热编码向量。

4.2.1.2　BiLSTM 层

BiLSTM 层[59-61]包含前向和反向两层 LSTM 网络，通过两个隐藏层分别从每个句子的两个方向提取前向和后向信息从而捕获不同的特征，BiLSTM 结构示意图如图 4-4 所示。

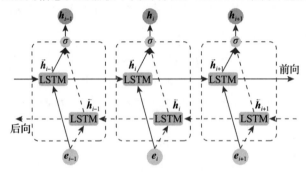

图 4-4　BiLSTM 结构示意图

在 BiLSTM 网络中，前向和后向 LSTM 网络分别从输入序列的两个方向计算隐藏层状态向量 $\vec{H}$ 和 $\overleftarrow{H}$，拼接正向和反向 LSTM 对应位置的隐藏层状态向量，得到 BiLSTM 网络的隐藏层状态向量 H，即序列上下文向量 $H = [\vec{H} \oplus \overleftarrow{H}] \in \mathbb{R}^{m \times \ell}$，$m$ 代表 BiLSTM 网络的隐藏层数，具体的计算过程如下

$$H = \begin{bmatrix} \vec{H} \\ \overleftarrow{H} \end{bmatrix} = \begin{bmatrix} \vec{h}_1, \ \vec{h}_2, \ \cdots, \ \vec{h}_\ell \\ \overleftarrow{h}_1, \ \overleftarrow{h}_2, \ \cdots, \ \overleftarrow{h}_\ell \end{bmatrix} \tag{4-2}$$

式中，$\vec{h}_i = \overrightarrow{\mathrm{LSTM}}(e_i, \vec{h}_{i-1})$ 是 e_i 从左到右的隐藏层状态，$\overleftarrow{h}_i = \overleftarrow{\mathrm{LSTM}}(e_i, \overleftarrow{h}_{i+1})$ 是 e_i 从右到左的隐藏层状态。

4.2.1.3　RBF 注意力层

为了在实体识别过程中更好地识别实体边界信息，避免因实体边界错误导致识别性能下降，采用 RBF[62] 注意力机制对 BiLSTM 层提取的序列上下文向量特征进行加权处理，有效减小冗余信息对实体类别识别的负面影响。RBF 注意力层采用径向基函数（RBF）计算相似度权重，其计算方法如下

$$\kappa(x_i, \ x_j) = \exp(-\gamma \|x_i - x_j\|^2), \quad 0 < \gamma < +\infty \tag{4-3}$$

其中，$\|\cdot\|$ 表示欧几里得距离，γ 是 RBF 核的参数。RBF 函数可以衡量样本 x_i 和 x_j 之间的差异度，考虑了两个样本在特征空间中的相对距离信息，即类内样本在特征空间的分布位置之间的相对距离较近，特征相似度越高；类间样本在特征空间的分布位置之间的相对距离较远，特征相似度较低。

RBF 注意力层采用 RBF 函数自适应调节特征向量的权重信息，获取句子上下文表示信息，计算方法如下

$$M = \tanh(H) \tag{4-4}$$

$$S_i = \exp(-\gamma \|M_i - \omega_i\|^2) \tag{4-5}$$

$$\alpha_i = \mathrm{softmax}(S_i) = \frac{\exp(S_i)}{\sum_k \exp(S_k)} \tag{4-6}$$

式中，ω_i 是一个需要训练的参数向量，γ 是注意力层的可调超参数，$\exp(\cdot)$ 是指数函数，$\mathrm{softmax}(\cdot)$ 是一个归一化函数，S_i 为特征相似度得分，α_i 为归一化特征相似度。因此，经过注意力机制计算得到的序列的上下文向量表示如下

$$z = H\alpha^{\mathrm{T}} \tag{4-7}$$

其中，$\boldsymbol{\alpha}=[\alpha_1, \alpha_2, \cdots, \alpha_\ell] \in \mathbb{R}^m$ 表示注意力权重。

4.2.1.4　CRF 层

给定句子表示 $\boldsymbol{Z}=[\boldsymbol{z}_1, \boldsymbol{z}_2, \cdots, \boldsymbol{z}_\ell] \in \mathbb{R}^{m \times \ell}$，采用 CRF 层[63]获得得分最高的标签序列，其具体过程如下

$$f(\boldsymbol{Z}, \boldsymbol{y}) = \sum_{i=0}^{\ell} \boldsymbol{A}_{y_i, y_{i+1}} + \sum_{i=1}^{\ell} \boldsymbol{P}_{i, y_i} \tag{4-8}$$

$$P(\boldsymbol{y} \mid \boldsymbol{Z}) = \frac{\exp(\text{score}(z, y))}{\sum_{y'} \exp(\text{score}(z, y'))} \tag{4-9}$$

$$\log(p(\boldsymbol{y} \mid \boldsymbol{Z})) = f(\boldsymbol{Z}, \boldsymbol{y}) - \log\left(\sum_{\boldsymbol{y} \in Y_z} e^{f(\boldsymbol{Z}, \boldsymbol{y})}\right) \tag{4-10}$$

$$\hat{\boldsymbol{y}} = \underset{\bar{\boldsymbol{y}} \in Y_Z}{\text{argmax}}\, f(\boldsymbol{Z}, \bar{\boldsymbol{y}}) \tag{4-11}$$

式中，$\boldsymbol{y}=[y_1, y_2, \cdots, y_\ell]$ 表示输入句子序列的实际标签序列，$\bar{\boldsymbol{y}}$ 表示句子序列经过模型预测后的可能标签序列，$\hat{\boldsymbol{y}}$ 表示句子预测结果中得分最高的标签序列，$\boldsymbol{A}_{y_i, y_{i+1}}$ 表示实体标签从 y_i 到 y_{i+1} 的转移得分，$\boldsymbol{P}_{i, y_i}$ 代表实体标签 y_i 的置信度分数，Y_z 表示句子在模型预测后得到的所有可能的标签序列，$f(\boldsymbol{Z}, \boldsymbol{y})$ 表示实体标签评分函数，$\log(p(\boldsymbol{y} \mid \boldsymbol{Z}))$ 表示评分函数的对数概率。

4.2.2　飞行控制系统实体识别实验验证

（1）飞行控制系统实体识别数据集

飞行控制系统实体识别数据集，采用 BIEO（Begin，Inside，End，Other）标注方式对飞行控制系统实体文本进行标注，其中 B 表示飞行控制系统实体的第一个字符，I 表示实体的中间字符，E 表示实体的最后一个字符，O 表示非实体字符。假设飞行控制系统实体文本序列为 $S^n=[c_1^e, c_2^e, \cdots, c_n^e]$，采用 BIEO 标注方式标注序列 S^n 中的每一个字符 c_i^e。例如，序列中的"…yaw damper servo actuators…"可标注实体标签如表 4-1 所示：

表 4-1　序列信息实体标注示例

序列实体	yaw	damper	servo	actuators
实体标签	B-LRU	I-LRU	I-LRU	E-LRU
实体类型	LRU			

飞行控制系统实体数据集共有 8000 个句子，按照一定比例将句子划分为训练集和测试集，其中 6500 句为训练集，1500 句为测试集。整个数据集共定义了 5 种实体标签类型和一种非实体标签，分别为设备（EQU）、航线可更换组件（LRU）、系统（SYS）、功能（FUC）、其他实体（MISC）以及非实体（O）。

（2）实验参数设置

本实验利用 Adam 算法更新模型参数，嵌入层的维数设置为 100，BiLSTM 单元隐藏层参数设置为 200，RBF 核参数 γ 选择 0.6，模型训练批次大小为 8，训练轮数设置为 300，并采用 Dropout 机制防止过拟合。

（3）实验结果和对比分析

为了比较实体识别算法的性能，采用 BiLSTM-CRF、BiLSTM-CRF＋自注意力、BiLSTM-CRF＋RBF 注意力进行比较分析。在飞行控制系统实体识别数据集上进行多次实验，比较它们的精确率、召回率和 F_1 分数的平均值以及标准差来评判模型识别性能差异，实验结果如表 4-2 所示。

表 4-2　各种模型在飞控系统实体数据集上的性能比较

模型	准确率（%）±标准差（%）	召回率（%）±标准差（%）	F_1 值（%）±标准差（%）
BiLSTM-CRF	65.17±1.03	63.25±0.48	64.72±0.19
BiLSTM-CRF＋自注意力	72.74±0.33	**76.49±0.27**	73.21±0.22
BiLSTM-CRF＋RBF 注意力	**76.24±0.15**	74.18±0.21	**75.57±0.11**

从表 4-2 可以看出，BiLSTM-CRF＋自注意力、BiLSTM-CRF＋RBF 注意力模型在精确率、召回率以及 F_1 分数方面都明显优于 BiLSTM-CRF 模型。利用 RBF 注意力时 F_1 分数有所提高。这是因为 RBF 注意力能有效利用特征的相对位置捕捉实体特征的边界信息，通过调整位置分布便于完成特征分类，所以相对于基础模型的识别性能有一定程度的提升效果，可以证明 RBF 注意力在实体识别方面的有效性。

4.3 飞行控制系统链接关系抽取

4.3.1 基于层级注意力图卷积的飞行控制系统关系抽取

4.3.1.1 基于层级注意力图卷积的飞行控制系统关系抽取模型

基于层级注意力图卷积(Hierarchical Attention Graph Convolution Network，HAGCN)模型主要由特征向量编码与图构建层、层级注意力图卷积层、Softmax 层三部分构成。

（1）特征向量编码与图构建层

假设输入数据集为 $D=\{S_j，es_j，eo_j，y_j\}$，其中 $S_j=[w_1，w_2，\cdots，w_N]$是长度为 N 的第 j 个句子，$w_i=[w\_w_i，w\_pos_i，w\_ner_i]$是句子 S_j 中第 i 个单词的词例，其中 w_w_i 是句子中的第 i 个单词，w_pos_i 是第 i 个单词的位置，w_ner_i 是第 i 个单词的命名实体。$es_j=[es_1^j，es_2^j，\cdots，es_N^j]$是第 j 个输入句子序列的主语实体，$es_j=[eo_1^j，eo_2^j，\cdots，eo_N^j]$是第 j 个输入句子序列的宾语实体，$y_j\in Y$ 是主语实体和宾语实体的关系标签，Y 是关系类别集合。

①特征向量编码

采用全局向量(Global Vector，GloVe)[64]将句子的词例 w_i 转换为词嵌入向量 e_i，计算方法如下

$$e_i=\text{GloVe}(w_i) \tag{4-12}$$

式中，$e_i\in\mathbb{R}^D$ 为词嵌入向量，并采用了 BiLSTM[65]网络进一步捕获句子样本中的上下文信息，计算方法如下

$$\overrightarrow{h}_i=\text{BiLSTM}(e_i,\overrightarrow{h}_{i-1}) \tag{4-13}$$

$$\overleftarrow{h}_i=\text{BiLSTM}(e_i,\overleftarrow{h}_{i+1}) \tag{4-14}$$

$$h_i=\overrightarrow{h}_i\oplus\overleftarrow{h}_i \tag{4-15}$$

式中，$h_i\in\mathbb{R}^{2P}$ 是句子上下文信息的特征向量编码，P 是 LSTM 隐藏层维度，$\oplus$ 表示两个不同方向的 LSTM 拼接。

②依赖图构建

采用剪枝依存树[66]构建邻接矩阵 A，并通过在最近共同祖先(Lowest Common Ancestor，LCA)中设置一个依存路径距离标记 K 来实现适当修剪，公式如下

$$A = \text{pruning tree}(w_i) \qquad (4\text{-}16)$$

其中，$A \in \mathbb{R}^{N \times N}$ 为邻接矩阵。以词作为节点 V，A 为邻接矩阵构建有向图 $G = \{V, E\}$，其中 V 和 E 分别是剪枝依赖树的节点集和边集。

（2）层级注意力图卷积层

①句子层级注意力

层级注意力图卷积[67-69]层采用径向基函数[70]（RBF）构建句子层级注意力模型，句子层级注意力的计算公式如下

$$m_i = \exp(-\gamma \| \tanh(\boldsymbol{h}_i) - \boldsymbol{d}_i \|^2) \qquad (4\text{-}17)$$

$$u_i = \frac{\exp(m_i)}{\sum\limits_{k=1}^{N} \exp(m_k)} \qquad (4\text{-}18)$$

式中，$\boldsymbol{d}_i \in \mathbb{R}^{2P}$ 为模型的参数向量，γ 为超参数，$\exp(\cdot)$ 为指数函数，m_i 为句子层级注意力权重，u_i 为 m_i 归一化句子层级注意力权重。经过句层级注意力机制加权的向量表示如下

$$\boldsymbol{X} = \boldsymbol{H} \odot \boldsymbol{u}^{\mathrm{T}} \qquad (4\text{-}19)$$

$$\boldsymbol{Z}^{\ell} = \sigma(\boldsymbol{D}^{-\frac{1}{2}} \widetilde{\boldsymbol{A}} \boldsymbol{D}^{-\frac{1}{2}} \boldsymbol{X} \boldsymbol{W} + \boldsymbol{b}) \qquad (4\text{-}20)$$

式中，$\boldsymbol{H} = [\boldsymbol{h}_1, \boldsymbol{h}_2, \cdots, \boldsymbol{h}_N]^{\mathrm{T}} \in \mathbb{R}^{N \times 2P}$ 表示 BiLSTM 输出的特征向量，$\odot$ 表示逐元素乘法，$\boldsymbol{u} = [u_1, u_2, \cdots, u_N] \in \mathbb{R}^{1 \times N}$ 表示句子层级注意力权重向量，$\boldsymbol{X} \in \mathbb{R}^{N \times 2P}$ 是带位置注意力的输入，$\widetilde{\boldsymbol{A}} = \boldsymbol{A} + \boldsymbol{I}$，其中 $\boldsymbol{I}$ 是 $N \times N$ 的单位矩阵，$\boldsymbol{D}$ 为度矩阵，为线性变换，F 表示 HAGCN 隐藏层的维数，$\boldsymbol{W} \in \mathbb{R}^{2P \times F}$ 和 $\boldsymbol{b}$ 表示待学习的参数，$\sigma(\cdot)$ 表示激活函数。

②图层级注意力

根据剪枝依赖树上每个节点分别与主语实体节点、宾语实体节点之间的距离构建图层级注意力模型，计算方法如下

$$\boldsymbol{a} = \boldsymbol{W}_1 \cdot \tanh(\boldsymbol{W}_s \boldsymbol{D}_s + \boldsymbol{W}_o \boldsymbol{D}_o + \boldsymbol{W}_h \boldsymbol{H}^{\mathrm{T}}) \qquad (4\text{-}21)$$

$$g_i = \frac{\exp(a_i)}{\sum\limits_{k=1}^{N} \exp(a_k)} \qquad (4\text{-}22)$$

$$\boldsymbol{H}_g = \boldsymbol{Z}^{(\ell)} \odot \boldsymbol{g}^{\mathrm{T}} \qquad (4\text{-}23)$$

$$\boldsymbol{H}^{(\ell)} = \sigma(\boldsymbol{D}^{-\frac{1}{2}} \widetilde{\boldsymbol{A}} \boldsymbol{D}^{-\frac{1}{2}} \boldsymbol{H}_g \boldsymbol{W}_g + \boldsymbol{b}_g) \qquad (4\text{-}24)$$

式中，$D_s \in \mathbb{R}^{1 \times N}$ 表示单词节点和主语实体节点的距离，$D_o \in \mathbb{R}^{1 \times N}$ 表示单词节点和宾语实体节点的距离，$g = [g_1, g_2, \cdots, g_N] \in \mathbb{R}^{1 \times N}$ 是图层级注意力权重，$Z^\ell \in \mathbb{R}^{N \times F}$ 是图卷积的第 ℓ 层的输出，$W_1 \in \mathbb{R}^{1 \times 2P}$、$W_s \in \mathbb{R}^{2P}$、$W_o \in \mathbb{R}^{2P}$、$W_h \in \mathbb{R}^{2P \times 2P}$ 和 $W_g \in \mathbb{R}^{F \times F}$ 是待学习的参数矩阵。

③特征融合

采用最大池化层[71]对句子层级注意力特征 Z 和图层级注意力特征 H 进行池化操作，获得以下句子表示为

$$h_s = \text{maxpool}(Z^{(\ell)}) \tag{4-25}$$

$$h_t = \text{maxpool}(H^{(\ell)}) \tag{4-26}$$

式中，$h_s \in \mathbb{R}^{1 \times F}$ 是句子层级注意力表示，$h_t \in \mathbb{R}^{1 \times F}$ 是图层级注意力表示，maxpool（·）表示最大池化操作。通过句子层级注意力和图层级注意力的线性组合构建句子表达式如下

$$h_g = \alpha h_s + (1 - \alpha) h_t, \ \alpha \in (0, 1) \tag{4-27}$$

式中，α 是融合系数。

④主语和宾语实体特征表达

采用最大池化层[71]对图层级注意力特征 H 进行池化操作，获得主语和宾语实体特征表达如下

$$h_{es} = \text{maxpool}(H_{es}^{(\ell)}) \tag{4-28}$$

$$h_{eo} = \text{maxpool}(H_{eo}^{(\ell)}) \tag{4-29}$$

式中，$H_{es}^{(\ell)}$ 表示 $H^{(\ell)}$ 中的主语实体，$H_{eo}^{(\ell)}$ 表示 $H^{(\ell)}$ 中的宾语实体，$h_{es} \in \mathbb{R}^{1 \times F}$ 是经过池化操作后的主语实体表示，$h_{eo} \in \mathbb{R}^{1 \times F}$ 是经过池化操作后的宾语实体表示。

通过线性变换得到 $\text{entity}_{es} \in \mathbb{R}^{1 \times F}$ 和 $\text{entity}_{eo} \in \mathbb{R}^{1 \times F}$，并使用 Softmax 层来计算词层级注意力矩阵

$$\text{entity}_{es} = h_{es} W_2 \tag{4-30}$$

$$\text{entity}_{eo} = h_{eo} W_3 \tag{4-31}$$

$$v_{ij} = \frac{\exp(\text{entity}_{es}^i \text{entity}_{eo}^j)}{\sum_{k=1}^{F} \exp(\text{entity}_{es}^i \text{entity}_{eo}^k)} \tag{4-32}$$

$$h_{es\_att} = h_{es} v \tag{4-33}$$

$$h_{eo\_att} = h_{eo}v \tag{4-34}$$

式中，$entity_{es}^i$ 是 **entity**$_{es}$ 上的第 i 个元素，$entity_{eo}^j$ 是 **entity**$_{eo}$ 上的第 j 个元素，$W_2 \in \mathbb{R}^{F \times F}$ 和 $W_3 \in \mathbb{R}^{F \times F}$ 是线性变换，$v = [v_{ij}] \in \mathbb{R}^{F \times F}$ 是词层级注意力权重矩，$h_{es\_att} \in \mathbb{R}^{1 \times F}$ 是主语实体表示，$h_{es\_att} \in \mathbb{R}^{1 \times F}$ 是宾语实体表示。

（3）Softmax 层

将层级注意力输出的句子特征、主语实体特征和宾语实体特征输入前馈神经网络（Feedforward Neural Network，FFNN）得到最终表示 h，并选用 Softmax 层完成关系抽取

$$h = \text{FFNN}(h_g; \ h_{es\_att}; \ h_{eo\_att}) \tag{4-35}$$

$$\hat{y} = \text{softmax}(h) \tag{4-36}$$

式中，h 是向量最终表示，$\hat{y}$ 是关系的概率分布。

4.3.1.2　飞行控制系统实体关系抽取结果及分析

（1）飞行控制系统实体关系抽取数据集

根据手册信息将飞行控制系统实体分为 6 类标签类型和一类非实体标签：部件（Component），故障（Fault），测试（Test），解决方法（Solution），现象（Symptom），原因（Cause），以及非实体（Other），如表 4-3 所示。

表 4-3　飞行控制系统实体类型

数据集实体	类型
飞行控制系统实体	Fault
	Test
	Solution
	Symptom
	Cause
	Component
	Other

将飞行控制系统实体关系定义 7 个定向关系和一个特殊的其他关系：故障_原因（Fault_Cause），故障_测试（Fault_Test），故障_解决方法（Fault_Solution），测试_现象（Test_Symptom），故障_部件（Fault_Component），测试_解决方法（Test_Solution），

以及其他(Other)，如表 4-4 所示。

表 4-4　飞行控制系统实体关系类型

数据集关系	类型
飞行控制系统实体关系	Fault _ Cause
	Fault _ Test
	Fault _ Solution
	Test _ Symptom
	Fault _ Component
	Test _ Solution
	Other

飞行控制系统关系抽取数据集共 6500 条句子，其中最长的句子由 69 个词组组成，平均句子长度 27.1，并划分为训练集、验证集和测试集，如表 4-5 所示。

表 4-5　飞行控制系统数据集划分

飞行控制系统数据集	句子数
训练集	5000
验证集	500
测试集	1000

(2)实验参数设置

基于层级注意力图卷积的飞行控制系统关系抽取模型参数设置如表 4-6 所示，词嵌入维度为 300，其他向量(POS 和 NER)维度为 30 维。

表 4-6　关系抽取模型参数设置表

设置	值
Optimizer	SGD
Learning rate	1.0
Dropout rate	0.9

表4-6(续)

设置	值
HAGCN Layer	2
LSTM Layer	1
HAGCN hidden dimension	400
LSTM hidden dimension	200
HAGCN layer dropout rate	0.4
Input dropout rate	0.6
LSTM dropout rate	0.5
FFNN layer	1

（3）实验结果对比分析

为了比较关系抽取的性能，采用图卷积网络（Graph Convolutional Networks，GCN）[66]、AGGCN[72]、GCN＋句子层级注意力、GCN＋图层级注意力、HAGCN 等进行比较分析。在飞行控制系统实体关系抽取数据集上进行多次实验，比较精确率、召回率和 F_1 分数的平均值以及标准差来评判模型识别性能差异，实验结果如表 4-7 所示。

表 4-7　在飞行控制系统数据集上关系抽取的性能比较

模型	准确率/％	召回率/％	F_1 值/％
GCN	64.5	60.3	62.3
AGGCN	64.7	63.5	64.1
GCN＋句子层级注意力	66.7	63.1	64.8
GCN＋图层级注意力	67.8	63.5	65.6
HAGCN	**68.5**	**64.2**	**66.3**

相比于基础的 GCN 模型，添加了不同注意力机制的 GCN 模型在精确率、召回率和 F_1 分数上都获得了更好的效果。HAGCN 模型将基础模型改为层级结构，并结合了句子层级注意力、图层级注意力两种不同的注意力，模型的性能得到较大提高。

4.3.2 基于加权扩散图卷积的飞行控制系统关系抽取

4.3.2.1 基于加权扩散图卷积的飞行控制系统关系抽取模型

基于加权扩散图卷积（Weighted Diffusion Graph Convolution Network，WDGCN）的飞行控制系统关系抽取模型主要由词嵌入与图构建层、加权扩散图卷积层、池化与输出层三部分构成。

（1）词嵌入与图构建层

假设飞控制系统实体关系抽取数据集中第 i 个句子为 $\boldsymbol{S}_i = [w_1, w_2, \cdots, w_N]$，$w_j = [w\_w_j, w\_\text{pos}_j, w\_c_j, w\_\text{ner}_j, w\_p_j]$ 是句子中第 j 个单词的词例，其中 w_w_j 是句子中第 j 个单词，w_pos_j 是第 j 个单词的词性标记，w_c_j 是第 j 个单词的成分分析，w_ner_j 是第 j 个单词的命名实体，w_p_j 是第 j 个单词的位置。通过 Bert 预训练模型[73]将序列表示为动态词向量，如下所示

$$\boldsymbol{h}_j = \text{bert}(w_j) \tag{4-37}$$

式中，$w_j \in \mathbb{R}^D$ 是句子中第 j 个单词的词例，D 是词嵌入的维度。输入句子 $\boldsymbol{S}_i$ 通过 Bert 预训练模型得到特征矩阵 $\boldsymbol{H} = \{\boldsymbol{h}_1, \boldsymbol{h}_2, \cdots, \boldsymbol{h}_N\}^{\mathrm{T}} \in \mathbb{R}^{N \times D}$ 作为加权扩散卷积层的输入。

采用剪枝依存树[66]构建邻接矩阵 $\boldsymbol{A}$，可以通过在最近共同祖先（Lowest Common Ancestor，LCA）中设置依存路径距离标记 K 来实现适当修剪，公式如下

$$\boldsymbol{A} = \text{dependency tree}(w_j) \tag{4-38}$$

式中，$\boldsymbol{A} \in \mathbb{R}^{N \times N}$ 为邻接矩阵。以 $\boldsymbol{A}$ 为邻接矩阵构建有向图 $G = \{V, E\}$，其中 V 和 E 分别是剪枝依赖树的节点集和边集。

（2）加权扩散图卷积层

在加权扩散图卷积层内，特征矩阵在加权扩散图卷积的作用下随机游走可以获得远端节点的有效信息[74]，具体表示如图 4-5 所示。

加权扩散卷积通过计算节点距离生成加权矩阵，通过自适应调节邻接矩阵权重可以有效提取远端节点信息，其计算方法如下

$$R_{ij} = \exp(-\gamma \cdot d(v_i, v_j)^2) \tag{4-39}$$

$$\boldsymbol{P} = \sum_{k=0}^{\infty} ((\boldsymbol{D}_O^{-1} \boldsymbol{A} \boldsymbol{R})^k + (\boldsymbol{D}_I^{-1} \boldsymbol{A}^{\mathrm{T}} \boldsymbol{R})^k) \tag{4-40}$$

式中，R_{ij} 是加权矩阵 $\boldsymbol{R} \in \mathbb{R}^{N \times N}$ 中的元素，$d(v_i, v_j)$ 为节点 v_i 和 v_j 之间的最短距离，$\boldsymbol{D}_O$ 是出度矩阵，$\boldsymbol{D}_I$ 是入度矩阵。$\boldsymbol{D}_O^{-1} \boldsymbol{A} \boldsymbol{R}$ 是扩散过程的转移矩阵，$\boldsymbol{D}_I^{-1} \boldsymbol{A}^{\mathrm{T}} \boldsymbol{R}$ 是反扩散过

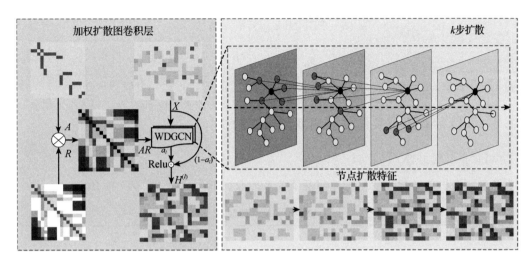

图 4-5　加权扩散图卷积节点特征表示

程的转移矩阵，k 是扩散步骤。

将加权扩散卷积 $\boldsymbol{P}$ 引入图卷积，并将图卷积运算融入到残差神经网络中得到节点特征表示，计算方法如下

$$\boldsymbol{H}^{(\ell)} = \sigma(\boldsymbol{P}\boldsymbol{H}^{(\ell-1)}((1-\alpha_\ell)\boldsymbol{I}_w + \alpha_\ell \boldsymbol{W}^{(\ell)}) + \boldsymbol{b}^{(\ell)}) \tag{4-41}$$

式中，$\boldsymbol{H}^\ell$ 是第 ℓ 层的输入，$\sigma(\,\cdot\,)$ 表示激活函数，$\boldsymbol{W}^{(\ell)}$ 和 $\boldsymbol{b}^{(\ell)}$ 是待学习的参数，$\boldsymbol{I}_w$ 为单位矩阵，α_ℓ 是控制恒等映射的超参数，即 $\alpha_\ell = \log\left(\dfrac{\lambda}{\ell+1}+1\right)$，$\lambda = 0.1,\ 0.2,\ \cdots,\ 3.0$，其中 λ 是一个超参数。

（3）池化与输出层

采用最大池化层[71]对加权扩散图卷积层输出特征 $\boldsymbol{H}^{(\ell)}$ 进行池化操作，计算方法如下

$$\boldsymbol{h}_{\text{sent}} = \text{maxpool}(\boldsymbol{H}^{(\ell)}) \tag{4-42}$$

式中，$\boldsymbol{H}^{(\ell)}$ 表示第 ℓ 层的输出特征，$\text{maxpool}(\,\cdot\,)$ 表示最大池化操作，$\boldsymbol{h}_{\text{sent}}$ 为句子特征。同理，可以从 $\boldsymbol{H}_{\text{es}}^{(\ell)}$ 和 $\boldsymbol{H}_{\text{eo}}^{(\ell)}$ 中获取实体表示 $\boldsymbol{h}_{\text{es}}$ 和 $\boldsymbol{h}_{\text{eo}}$，如下所示

$$\boldsymbol{h}_{\text{es}} = \text{maxpool}(\boldsymbol{H}_{\text{es}}^{(\ell)}) \tag{4-43}$$

$$\boldsymbol{h}_{\text{eo}} = \text{maxpool}(\boldsymbol{H}_{\text{eo}}^{(\ell)}) \tag{4-44}$$

式中，$\boldsymbol{h}_{\text{es}}$ 是主体实体表示，$\boldsymbol{h}_{\text{eo}}$ 是对象实体表示。连接句子特征 $\boldsymbol{h}_{\text{sent}}$，主体实体表示 $\boldsymbol{h}_{\text{es}}$ 和对象实体表示 $\boldsymbol{h}_{\text{eo}}$ 后，将其输入到前馈神经网络后选用 Softmax 层实现关系抽取，如下所示

$$h = \text{FFNN}(\boldsymbol{h}_{\text{sent}}; \boldsymbol{h}_{\text{es}}; \boldsymbol{h}_{\text{eo}}) \qquad (4\text{-}45)$$

$$\hat{y} = \text{softmax}(\boldsymbol{h}) \qquad (4\text{-}46)$$

式中，$\boldsymbol{h}$ 是最终联合表示，softmax($\cdot$)是一个激活函数，$\hat{y}$ 是一个概率分布。

4.3.3　飞行控制系统实体关系抽取结果及分析

(1)实验参数设置

基于加权扩散图卷积的飞行控制系统关系抽取模型参数设置如表 4-8 所示。

表 4-8　模型参数

设　置	值
训练尺寸	32
优化器	SGD
WDGCN 层	2
模型学习率	2e-5
文本词嵌入维度	768
隐藏层维度	400

(2)实验模型参数对比

对加权扩散图卷积模型扩散卷积的扩散步 k、恒等映射参数 $\alpha_\ell = \log\left(\dfrac{\lambda}{\ell+1}+1\right)$，$\lambda = 0.1, 0.2, \cdots, 3.0$ 和加权矩阵参数 γ 等参数进行选取实验。在实验中，令扩散卷积的扩散步 $k=1, 2, 3, 4, 5$，实现效果图如图 4-6 所示。

如图 4-6 所示，当扩散卷积的扩散步 $k=1$ 时 F_1 值达到 66.5%，$k=2$ 时 F_1 值为 67.7%。当经过多步扩散时，节点过多的聚合导致特征过度平滑，模型出现了过拟合的现象，F_1 值大大下降，所以选择扩散卷积的扩散步 $k=2$。

令 $\alpha_\ell = \log\left(\dfrac{\lambda}{\ell+1}+1\right)$，$\lambda = 0.1, 0.2, \cdots, 3.0$，实现效果图如图 4-7 所示。

如图 4-7 所示，当 $\lambda \in (1.4, 2.2)$ 时 F_1 值保持上升趋势，其余区间 F_1 值相对平稳，当恒等映射中参数 $\lambda \in (2.1, 2.2)$ 时，基于加权扩散图卷积的飞行控制系统关系抽取模型达到最佳性能。因此，参数 λ 设置为 2.12。

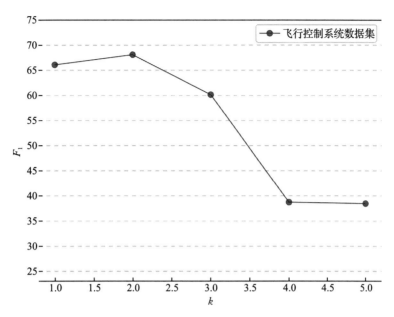

图 4-6　加权扩散图卷积中扩散步参数 k 的影响

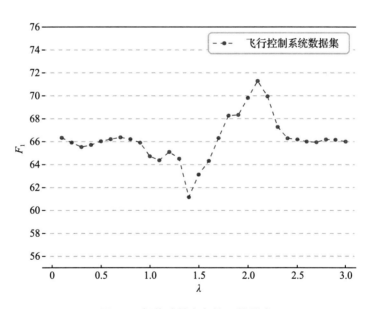

图 4-7　恒等映射中参数 λ 的影响

令加权矩阵参数 $\gamma = 10^{-4}$，10^{-3}，$\cdots$，10^{1}，实现效果图如图 4-8 所示。

如图 4-8 所示，基于加权扩散图卷积的飞行控制系统关系抽取模型的性能对加权矩阵参数 γ 的设置不是很敏感。

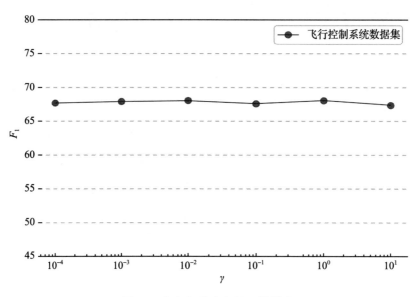

图 4-8 加权矩阵中参数 γ 的影响

(3)实验模型参数对比

为了比较关系抽取的性能，采用 GCN(Graph Convolutional Networks)[66]、AGGCN(Attention Guided Graph Convolutional Networks)[72]、R-BERT(Enriching BERT)[75]、HAGCN(Hierarchical Attention Graph Convolution Network)、WDGCN 等进行比较分析，在飞行控制系统实体关系抽取数据集上进行多次实验，比较精确率、召回率和 F_1 分数的平均值以及标准差来评判模型识别性能，实验结果如表 4-9 所示。

表 4-9 各种模型在飞行控制系统实体关系抽取数据集上的性能比较

模型	准确率/%	召回率/%	F_1 值/%
GCN	64.5	60.3	62.3
AGGCN	64.7	63.5	64.1
R-BERT	68.2	64.9	66.5
HAGCN	68.5	64.2	66.3
WDGCN	**68.6**	**66.9**	**67.7**

相比于其他模型，WDGCN 模型的精确率、召回率和 F_1 分数三个指标都取得了最好的效果。WDGCN 模型使用 Bert 预训练模型进行词嵌入得到了丰富的词汇特征，并在

GCN 的基础上引入扩散卷积，同时采用图节点距离构建加权矩阵为邻接节点赋予权重能够有效解决远端实体关系抽取问题。

4.4 飞行控制系统实体关系可视化图

飞行控制系统实体关系图是飞行控制系统物理部件之间链接关系的直观体现，借助于图的形式将非结构化的文本信息直观简洁地展现出来，有效展示飞行控制系统的领域知识。飞行控制系统实体关系图的构建流程分为 4 步，分别为数据获取、命名实体识别、实体关系识别和实体关系图构建，其流程图 4-9 所示。

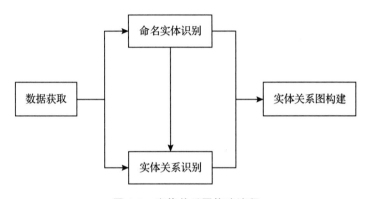

图 4-9　实体关系图构建流程

如图 4-9 所示，实体关系图构建过程首先需要获取飞行控制系统文本数据，然后进行飞行控制系统实体识别和实体关系识别，最后整合实体信息和实体关系类别，搭建飞行控制系统实体关系图。

结合 4.2 节飞行控制系统实体识别和 4.3 节飞行控制系统链接关系抽取的相关模型，可以得到飞行控制系统相关实体信息并获得实体之间的相关关系类型。根据⟨实体 1，关系，实体 2⟩的三元组形式对实体及实体关系进行整合，构建结构化飞行控制系统实体关系图，其局部效果如图 4-10 所示。

在图 4-10 中，圆框代表飞行控制系统实体信息，箭头代表实体关系的方向，用以突出头部实体和尾部实体。从图 4-10 可以看出飞行控制系统实体之间的关系错综复杂，并且大部分关系是双向存在的，任何一个实体在确定关系类别时都可能成为头部头实体或尾部实体。

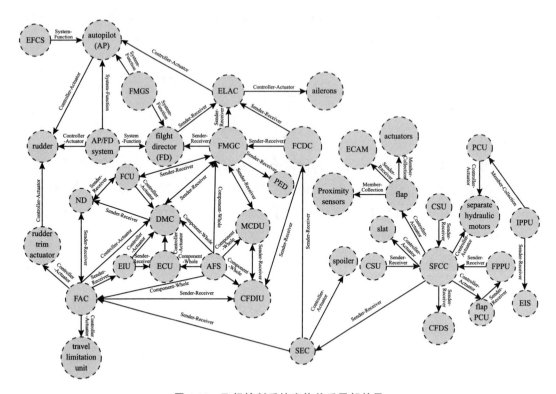

图 4-10　飞行控制系统实体关系局部效果

4.5　飞行控制系统故障传播分析

4.5.1　基于有向图的方向舵子系统故障传播分析

4.5.1.1　建立方向舵子系统故障传播有向图

随着飞行控制系统功能的不断完善，其内部液压管路、电气线路、信号线路日益复杂，是一类组成复杂、部件紧耦合的非线性动态控制系统[76-78]。系统内部离散的设备组件、液压管路、电气线路、信号线路构成了复杂系统网络，可依据图论相关知识[79-81]表达为有向图模型 $G=(V,\ E,\ A)$，其中 V 表示飞行控制系统节点的有限集合，E 表示具有因果关系节点的有向边集合，A 为邻接矩阵，表示图中各节点的直接耦合关系，邻接矩阵 A 的定义如下

$$A=\left[A_{ij}\right]_{n\times n} \tag{4-47}$$

式中，$A_{ij}=0$ 表示节点 V_i 与 V_j 无直接映射关系，$A_{ij}=1$ 表示节点 V_i 与 V_j 存在直接映射关系。

由于邻接矩阵仅仅表示系统内部组件之间的直接耦合关系，单个组件的失效可以通过节点之间的故障传播对整个系统造成影响，可以通过可达矩阵 $\boldsymbol{W}$ 表示节点之间存在间接耦合关系

$$\boldsymbol{W}=\begin{bmatrix}W_{ij}\end{bmatrix}_{n\times n} \tag{4-48}$$

式中，$W_{ij}=0$ 表示节点 V_i 与 V_j 不可达，$W_{ij}=1$ 表示节点 V_i 可达 V_j，即节点之间存在间接耦合关系。

以方向舵子系统为例，构建故障传播有向图模型用于描述整个子系统组件间的耦合关系以及表征整个网络的拓扑结构特性，如图 4-11 所示。

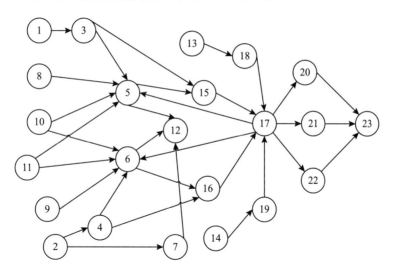

图 4-11　方向舵子系统故障传播有向图

图 4-11 中每个节点对应组件编号及名称如表 4-10 所示。

表 4-10　系统网络结构中各节点对应的部件编号

节点序号	名　称
1	汇流条 DC
2	汇流条 DC
3	飞行增稳计算机 1 的供电跳开关
4	飞行增稳计算机 2 的供电跳开关

表 4-10(续)

节点序号	名　称
5	飞行增稳计算机 1
6	飞行增稳计算机 2
7	供电跳开关
8	飞行增稳计算机 1 面板控制按钮
9	飞行增稳计算机 2 面板控制按钮
10	方向舵配平复位按钮
11	方向舵配平按钮
12	方向舵配平指示器
13	汇流条 AC
14	汇流条 AC
15	方向舵配平继电器 1
16	方向舵配平继电器 2
17	方向舵配平作动筒
18	作动器 1 供电跳开关
19	作动器 2 供电跳开关
20	方向舵伺服控制器 G
21	方向舵伺服控制器 B
22	方向舵伺服控制器 Y
23	方向舵舵面

4.5.1.2　方向舵子系统故障传播参数定义

复杂系统的拓扑结构决定了系统的故障传播特性，节点的聚类属性主要取决于节点的度，一个节点的度越高，故障传播路径越多，故障传播范围越广[82-84]。因此，定义节点传播特性 s_i 如下

$$s_i = d_i / \sum_{i=1}^{n} d_i \qquad (4-49)$$

式中，d_i 表示节点 V_i 的度，n 为模型中节点的个数。

给定复杂系统的拓扑结构，故障会以信息、能量等形式在每对节点之间交换，并沿着连接它们的最短路径传输。因此，采用边介数来表征边的拓扑结构特性[85-88]，定义边传播特性 S_{ij} 如下

$$S_{ij} = b_{ij} / \sum b_{ij} \qquad (4-50)$$

式中，b_{ij} 表示边 e_{ij} 的边介数，$\sum b_{ij}$ 表示所有边介数的总和。

4.5.1.3 方向舵子系统故障传播路径分析

（1）故障传播概率计算

故障率是反映组件功能完整性的直观指标，组件的故障率通常是时间的函数，假设节点的失效分布函数 h_i 服从指数分布，如下所示

$$h_i = 1 - e^{-\varepsilon_i t} \qquad (4-51)$$

式中，t 是时间变量，ε_i 为组件的故障率系数，后续计算组件故障率系数均以 $\varepsilon = 1 \times 10^{-5} \, \mathrm{h}^{-1}$ 为例，对应失效分布函数曲线如图 4-12 所示。

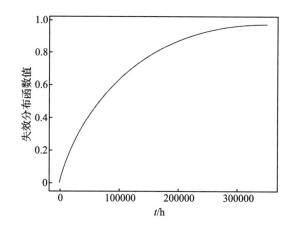

图 4-12　节点失效分布函数曲线($\varepsilon = 1 \times 10^{-5} \mathrm{h}^{-1}$)

边的失效特性可以反映节点之间的因果作用关系，定义边的失效特性 H_{ij} 如下

$$H_{ij} = \frac{f(ij)}{f(i)} \qquad (4-52)$$

式中，$f(i)$ 代表节点 V_i 出现故障的总次数，$f(ij)$ 代表当节点 V_i 出现故障时，节点 V_j

发生不正常作动的次数，且 $f(ij) \leqslant f(i)$，$0 \leqslant H_{ij} \leqslant 1$。

当飞行控制系统中某个节点出现故障时，将按照一定的概率沿着有向边传播，直到逻辑上最后一个节点。随着传播步长的增加，故障传播强度会逐级减小。设定传播概率阈值为 $\lambda = 10^{-8}$，即当传播强度小于阈值时，节点是安全的，故障将停止蔓延。由于飞行控制系统是典型的闭环反馈控制系统，设定限环阈值为 $\lambda = 10^{-6}$，即当传播强度小于阈值时，闭环传播故障将停止蔓延。

假设故障在飞行控制系统中遵循 k 步传播原则，定义故障传播概率 $P^k_{(i,j)}$ 的计算方法如下

$$P^k_{(i,j)} = \prod_k P^k(e_{ij}), \ e_{ij} \in E_z \tag{4-53}$$

式中，E_z 表示故障从节点 V_i 位置开始传播后所经历的边集合，$P^k(e_{ij})$ 表示集合 E_z 中某条边上故障传播概率。故障传播分析模型中每一次传播概率更新都依据此公式计算，直到达到故障传播阈值，即 $P^k_{(i,j)} \leqslant \lambda$ 时，其中 λ 为故障传播概率阈值，则认定故障在该条故障传播路径上结束，最终可计算故障在该路径上的累积传播概率值。

通过统计飞行控制系统历史运行数据和维护记录，可以利用公式（4-52）计算各边的故障率，以确定各个节点和边的初始故障率，如表 4-11 所示。

表 4-11　各边的故障传播率

e_{ij}	H_{ij}	e_{ij}	H_{ij}	e_{ij}	H_{ij}	e_{ij}	H_{ij}	e_{ij}	H_{ij}
（1，3）	0.0083	（5，12）	0.0078	（10，5）	0.0069	（16，17）	0.0079	（19，17）	0.0087
（2，4）	0.0083	（5，15）	0.0088	（10，6）	0.0069	（17，5）	0.0065	（20，23）	0.0095
（2，7）	0.0097	（6，12）	0.0078	（11，5）	0.0073	（17，6）	0.0065	（21，23）	0.0095
（3，5）	0.0089	（6，16）	0.0088	（11，6）	0.0073	（17，20）	0.0093	（22，23）	0.0095
（3，15）	0.0093	（7，12）	0.01	（13，18）	0.0086	（17，21）	0.0093		
（4，6）	0.0089	（8，5）	0.0076	（14，19）	0.0086	（17，22）	0.0093		
（4，16）	0.0093	（9，6）	0.0076	（15，17）	0.0079	（18，17）	0.0087		

（2）故障传播仿真实验

结合方向舵子系统有向图模型，计算节点传播特性和边传播特性，结果如表 4-12 和表 4-13 所示。

表 4-12　节点传播特性

节点编号	传播特性	节点编号	传播特性	节点编号	传播特性	节点编号	传播特性	节点编号	传播特性
1	0.0159	6	0.1111	11	0.0317	16	0.0476	21	0.0317
2	0.0317	7	0.0317	12	0.0476	17	0.1428	22	0.0317
3	0.0317	8	0.0159	13	0.0159	18	0.0317	23	0.0476
4	0.0476	9	0.0159	14	0.0159	19	0.0317		
5	0.1111	10	0.0317	15	0.0476	20	0.0317		

表 4-13　边传播特性

边编号	传播特性	边编号	传播特性	边编号	传播特性	边编号	传播特性	边编号	传播特性
(1，3)	0.0234	(5，12)	0.0182	(10，5)	0.0106	(16，17)	0.0897	(19，17)	0.0427
(2，4)	0.0213	(5，15)	0.0705	(10，6)	0.0106	(17，5)	0.0523	(20，23)	0.0142
(2，7)	0.0042	(6，12)	0.016	(11，5)	0.0106	(17，6)	0.0523	(21，23)	0.0142
(3，5)	0.0085	(6，16)	0.0705	(11，6)	0.0106	(17，20)	0.0483	(22，23)	0.0142
(3，15)	0.0314	(7，12)	0.0042	(13，18)	0.0234	(17，21)	0.0483		
(4，6)	0.0063	(8，5)	0.0213	(14，19)	0.0234	(17，22)	0.0483		
(4，16)	0.0341	(9，6)	0.0213	(15，17)	0.0897	(18，17)	0.0427		

　　根据节点传播特性和边传播特性，可以计算节点传播和边传播对应的放大效应系数，如图 4-13、图 4-14 所示。

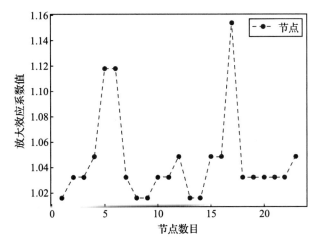

图 4-13　节点传播放大效应系数

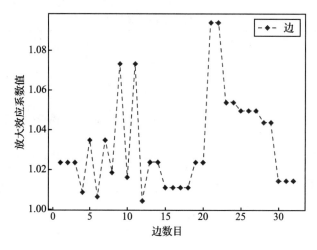

图 4-14　边传播放大效应系数

由图 4-13、图 4-14 可看出，节点 V_{17} 的度数较高，放大效应系数相比其他节点更大，可以将该节点定义为关键节点；而边 $e_{15,17}$ 和边 $e_{16,17}$ 具有较高的边介数，对应的放大效应系数相比其他边较大，因此该边可以定义为关键脆弱边。因此，可以确定系统内关键节点和高概率传播路径如图 4-15 所示。

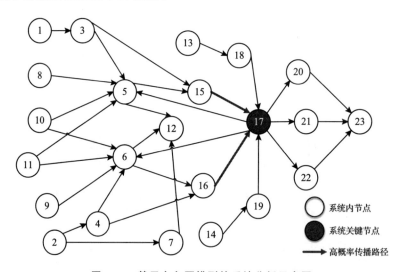

图 4-15　基于有向图模型的系统分析示意图

在飞行控制系统运行过程中，高概率路径上节点所代表的组件不仅自身故障率高，且易向其连接组件传播故障。深入分析组件之间的关系可知，节点 17 为方向舵配平作动筒，用于控制飞机方向舵的移动，需要承受飞机起飞、飞行和着陆等过程中产生的大量作用力，因此产生故障的概率远高于系统内其他组件，在日常设备检修维护中需要重点关注此类系统部件。

4.5.2　基于改进 FPPN 的方向舵子系统故障传播分析

4.5.2.1　基于改进 FPPN 的方向舵子系统故障传播分析模型

（1）系统拓扑结构特性映射

有向图模型能够描述系统基本的传播结构，可以有效分析组件间的耦合关系。为了更好地刻画飞行控制系统多冗余多闭环故障传播结构特征，针对系统闭环、多冗余的结构特性设定相应的模型映射规则，构建模糊概率 Petri 网（Fuzzy Probability Petri Nets，FPPN）模型分析飞行控制系统的故障传播行为[89-92]。有向图模型与 FPPN 模型的转换关系见表 4-14。

表 4-14　有向图与 FPN 模型间的映射关系

有向图模型	FPN 模型
图模型结构	网络结构
节点集	库所集
有向边集	有向弧集、变迁集

（2）故障传播行为规则表达

采用 9 元组表达 FPPN 模型[93-98]，如下所示

$$\text{FPPN} = \{P, T, F, \pmb{I}, \pmb{O}, \alpha, \pmb{\Gamma}, \pmb{M}, \pmb{X}\} \tag{4-54}$$

式中，$P = \{p_1, p_2, \cdots, p_n\}$ 为有限节点集合，每个节点对应一个系统组件；$T = \{t_1, t_2, \cdots, t_m\}$ 表示有限变迁集合，每个变迁对应一种功能实现的过程；$F \subseteq (P \times T) \cup (T \times P)$ 表示有向弧集合；$\pmb{I}$ 为输入矩阵，表示节点到变迁的输入弧权值映射矩阵，对应矩阵内元素为 w；$\pmb{O}$ 为输出矩阵，表示变迁到节点输出弧确信度值映射矩阵，对应矩阵内元素为 μ；α 为节点状态值的映射关联函数，是介于 0 到 1 之间的实数；$\pmb{\Gamma}$ 为变迁输出弧的阈值映射矩阵，对应矩阵内元素值为 λ；$\pmb{M}$ 表示节点状态向量；$\pmb{X}$ 表示系统整体的状态矩阵。

改进 FPPN 模型需要建立一系列模糊逻辑规则，模糊逻辑规则的基本形式为

$$R: \text{IF } p_i \text{ THEN } p_j (\text{CF} = \mu) \tag{4-55}$$

式中，p_i 和 p_j 表示节点，且 p_j 是 p_i 对应的输出节点。基本映射规则如图 4-16 所示。

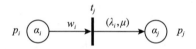

图 4-16　FPPN 基础映射规则

（3）改进 FPPN 模型参数量化

在改进 FPPN 模型中，基于推理模式下的变迁发生规则若满足公式（4-56），则变迁 t 可以被激活

$$\alpha(p_i) \times w_i \geqslant \lambda(t) \tag{4-56}$$

变迁 t_j 被激活后，输入节点状态值 $\alpha(p_i)$ 不变，输出节点状态值 $\alpha(p_j)$ 根据公式（4-57）更新，即

$$\alpha(p_j) = \alpha(p_i) \times w_i \times \mu \tag{4-57}$$

结合飞行控制系统存在的交互、冗余和反馈关系，构建了输入组件冗余、输入功能冗余、输出冗余、闭环结构 4 类 FPPN 改进结构映射规则，如图 4-17 所示。

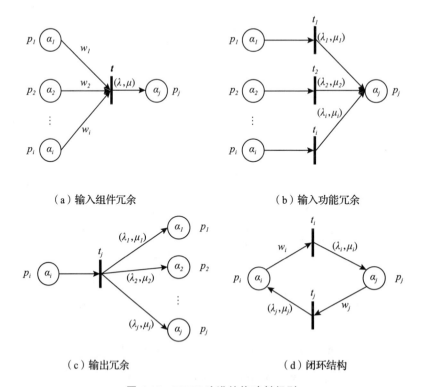

（a）输入组件冗余　　　　　　　　（b）输入功能冗余

（c）输出冗余　　　　　　　　　　（d）闭环结构

图 4-17　FPPN 改进结构映射规则

类型 a：输入组件冗余映射规则，表示当存在多个输入组件可实现同一功能，即多个输入节点可触发同一变迁，对应模糊规则的"与"规则。设定输入节点权值取均值，且所有输入节点权值和为 1，输出节点状态值 $\alpha(p_j)$ 定义如下

$$\alpha(p_j) = \left[\sum_{k=1}^{i} \alpha(p_k) \times w_k \right] \times \mu \tag{4-58}$$

类型 b：输入功能冗余映射规则，表示一个组件受多个组件不同功能的控制，对应模糊规则的"或"规则。设定输入节点权值均为 1，输出节点状态值 $\alpha(p_j)$ 定义如下

$$\alpha(p_j) = \max_{1 \leqslant k \leqslant i} \left[\alpha(p_k) \times \mu_k \right] \tag{4-59}$$

类型 c：输出冗余映射规则，表示某个组件的某个功能可以同时控制多个不同组件，设定输入节点权值均为 1，输出节点状态值 $\alpha(p_j)$ 定义如式(4-57)所示。

类型 d：闭环结构映射规则，表示系统内组件的闭环控制，设定输入节点权值均为 1，输出节点状态值 $\alpha(p_j)$ 定义如式(4-57)所示。

基于上述定义的 FPPN 改进结构映射规则，可以将方向舵子系统故障传播有向图模型更新为可做定量推理计算的方向舵子系统故障传播 FPPN 模型，如图 4-18 所示。

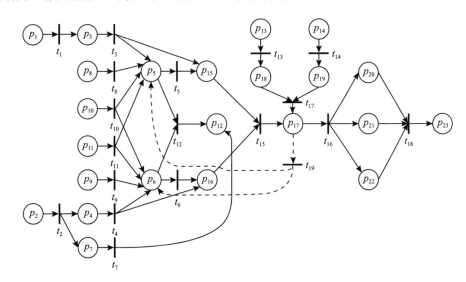

图 4-18 方向舵子系统故障传播 FPPN 模型

基于输入组件冗余、输入功能冗余、输出冗余、闭环结构四类结构映射规则，故障传播关系转换为每个节点状态值定量计算更新，从而量化表示系统内组件间的控制传播关系，进一步求解系统故障传播中高扩散强度的故障传播路径及其关键节点的状态值，形成飞行控制系统闭环、多冗余结构下的故障传播推理模型。

结合节点传播特性 s_i 与失效特性 h_i 共同表征节点初始失效状态值 α_i，计算方法如下

$$\alpha_i = \mathrm{e}^{s_i} h_i \tag{4-60}$$

式中，e 为数学常数，即 e＝2.71828，e^{s_i} 表示节点传播特性对故障传播过程的放大效应系数。结合边传播特性 S_{ij} 与边的失效特性 H_{ij} 可以得到输出弧的确信度值 μ_{ij}，计算方法如下

$$\mu_{ij} = \mathrm{e}^{S_{ij}} H_{ij} \tag{4-61}$$

（4）故障传播路径推理算法

改进 FPPN 模型采用两种推理算法分别对多冗余结构与闭环结构下故障传播路径进行分析。

①开环结构故障传播推理

开环结构故障传播推理算法在进行多冗余结构下的故障传播推理时，不考虑闭环结构，即不考虑反馈变迁的影响，其算法流程如图 4-19 所示。

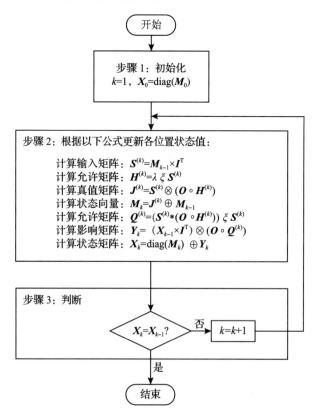

图 4-19　开环结构故障传播推理算法流程图

由图 4-19 可知，开环结构故障传播推理算法的具体推理过程如下：

输入：I，O，$\boldsymbol{\Gamma} \in \mathfrak{R}^{m \times n}$，$\boldsymbol{X}_0 = \mathrm{diag}(\boldsymbol{M}_0)$ 且 $\boldsymbol{X}_0 \in \mathfrak{R}^{n \times n}$ 是一个对角矩阵；

输出：$\boldsymbol{X}_k \in \mathfrak{R}^{n \times n}$，其中对角线元素表示节点当前状态值，其他位置元素表示节点间的影响值。

步骤 1：设置迭代次数 $k = 1$。

步骤 2：根据推理算法中矩阵和方程之间的关系更新节点状态值，其中影响矩阵 $\boldsymbol{Y}_k$ 反映了第 k 次迭代中不同节点之间的故障影响率。因此，状态矩阵 $\boldsymbol{X}_k$ 不仅包含状态向量 $\boldsymbol{M}_k$，还包含故障节点对其他节点的影响矩阵 $\boldsymbol{Y}_k$。

步骤 3：判断 $\boldsymbol{X}_k$ 和 $\boldsymbol{X}_{k-1}$ 是否相等，若不相等，使 $k = k + 1$，返回步骤 2；否则，执行步骤 4。

步骤 4：结束推理，分析矩阵 $\boldsymbol{X}_k$。

②闭环结构故障传播推理算法

在闭环结构中节点状态值的更新方法如下

$$\alpha(p_j) = r\left(\mu_i \times \frac{\alpha(p_i) \times w_i}{\lambda(t_j)}\right) \tag{4-62}$$

式中，函数 $r(a)$ 定义如下

$$r(a) = \begin{cases} a, & \text{if } 0 < a < 1 \\ 1, & \text{others} \end{cases} \tag{4-63}$$

为分析闭环结构下的故障传播问题，在 FPPN 模型中定义了系统稳定度 $\mathrm{Sta}(\sigma)$ 和变迁发生序列可发生度 $\mathrm{Occ}(\sigma)$ 两个指标，判断故障是否会持续传播，计算方法如下

$$\mathrm{Sta}(\sigma) = \min_{1 \leqslant j \leqslant n}\left\{\alpha(p_j), \mu_i \times \frac{\alpha(p_i) \times w_i}{\lambda(t_j)}\right\} \tag{4-64}$$

$$\mathrm{Occ}(\sigma) = \min_{1 \leqslant j \leqslant n}\{\lambda(t_j)\} \tag{4-65}$$

式中，σ 表示闭环结构中变迁发生的序列。若系统中的故障在闭环结构传播过程中有 $\mathrm{Sta}(\sigma) \geqslant \mathrm{Occ}(\sigma)$，说明故障在该闭环结构内会持续传播，该故障将会对系统安全运行造成影响；否则该故障不会对系统造成影响，系统稳定运行。

4.5.2.2 基于改进 FPPN 的故障传播路径仿真实验

（1）多冗余结构下的故障传播分析

为充分分析多冗余结构下的故障传播行为，选取具有相同功能特性组件作为初始故障节点进行实验分析。

①假设两套飞行增稳计算机 p_5 和 p_6 同时作为初始故障节点，系统的初始状态向量 $\boldsymbol{M}_0=[0,\ 0,\ 0,\ 0,\ 0.9662,\ 0.9662,\ 0,\ 0,\ 0,\ 0,\ 0,\ 0,\ 0,\ 0,\ 0,\ 0,\ 0,\ 0,\ 0,\ 0,\ 0,\ 0,\ 0]$，输入相应的初始矩阵 $\boldsymbol{I}$、$\boldsymbol{O}$、$\boldsymbol{\Gamma}$ 后，根据开环结构故障传播推理算法进行迭代计算，可得到每一次迭代后系统相应的状态矩阵 $\boldsymbol{X}_k$，其中 k 为模型迭代次数。在实验中，模型迭代次数为 6 次，根据最终的状态矩阵，将所有状态值大于 0 的受影响节点选出，得到如图 4-20 所示的多节点故障传播路径分析图。

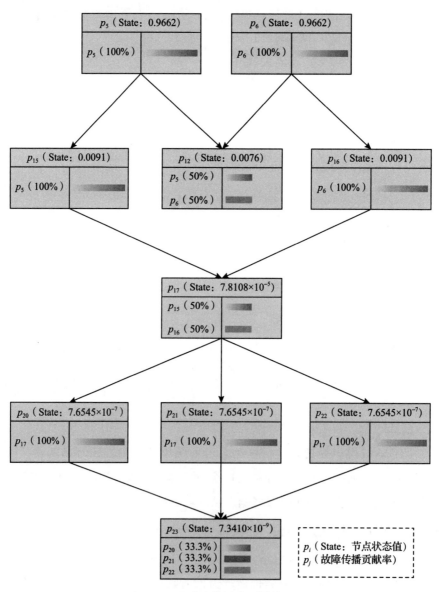

图 4-20　多节点故障传播路径分析

根据图 4-20 实验结果可知，当设定 p_5 和 p_6 同时作为初始故障节点时，系统中受影响的节点有 p_{12}、p_{15}、p_{16}、p_{17}、p_{20}、p_{21}、p_{22}、p_{23}，其余节点均不受影响。由于节点 p_{12}、p_{15}、p_{16} 受初始故障节点 p_5 和 p_6 直接影响，因此节点状态值相比其他节点较高，分别为 0.0076、0.0091、0.0091；节点 p_{23} 受间接影响且传播路径较远，因此节点状态值最小为 7.3410×10^{-9}，其中 3.6750×10^{-9} 分别来自初始故障节点 p_5（50%）和 p_6（50%）。

②假设两套飞行增稳计算机 p_5 和 p_6 其中一套出现故障，以 p_5 故障为例，系统的初始状态向量 $\boldsymbol{M}_0 = [0, 0, 0, 0, 0.9662, 0, 0, 0, 0, 0, 0, 0, 0, 0, 0, 0, 0, 0, 0, 0, 0, 0, 0]$，其他初始输入矩阵的设定不变，根据开环结构故障传播推理算法进行迭代分析，得到如图 4-21 所示的单节点故障传播分析图。

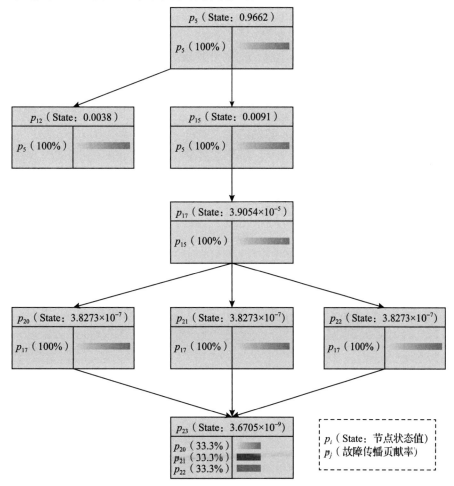

图 4-21　单节点故障传播路径分析

由图 4-21 可知，系统中受影响的节点有 p_{12}、p_{15}、p_{17}、p_{20}、p_{21}、p_{22}、p_{23}，其余节点均不受影响。由于节点 p_{12}、p_{15} 受初始故障节点 p_5 直接影响，因此节点状态值相比其他节点较高，分别为 0.0038、0.0091；节点 p_{23} 受间接影响且传播路径较远，因此，节点状态值最小为 3.6750×10^{-9}，均来自初始故障节点 p_5（100%）。

通过对比实验①、②结果表明，当系统组件存在备份时，系统运行时出现故障的概率降低，采用开环结构故障传播推理算法分析多冗余结构下的故障传播路径，可准确获取与实际故障传播路径一致的故障传播路径及路径上相关节点的状态值和各节点之间的故障传播贡献率，且不会涉及系统无关节点，因此该推理模型可以很好地解决具有多冗余特性系统的故障传播路径推理计算问题。

(2)闭环结构下的故障传播分析

为充分分析闭环结构下的故障传播行为，分别取系统中的单闭环路径 $p_5 \rightarrow t_5 \rightarrow p_{15} \rightarrow t_{15} \rightarrow p_{17} \rightarrow t_{19} \rightarrow p_5$ 和多闭环路径 $p_{17} \rightarrow t_{19} \rightarrow p_5$、$p_6 \rightarrow t_5$、$t_6 \rightarrow p_{15}$、$p_{16} \rightarrow t_{15} \rightarrow p_{17}$ 进行实验分析，并设定闭环控制回路中每个变迁的限环阈值为 $\lambda = 10^{-6}$。

①单闭环结构故障传播分析。假设飞行增稳计算机 p_5 作为初始故障节点，故障传播路径和路径上节点的状态值如图 4-22 所示。

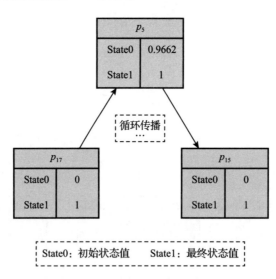

图 4-22　单闭环结构故障传播分析

采用闭环结构故障传播推理算法计算更新回路中各节点的状态值，经过一次迭代后节点 p_{15}、p_{17}、p_5 的状态值更新为 1，经多次迭代后，单闭环系统稳定度 $\text{Sta}(\sigma) = 1$，且变迁序列可发生度 $\text{Occ}(\sigma) = 10^{-6}$，因此有 $\text{Sta}(\sigma) > \text{Occ}(\sigma)$。

②多闭环结构故障传播分析。假设以方向舵配平作动筒 p_{17} 作为初始故障节点，故障传播路径和路径上节点的状态值如图 4-23 所示。

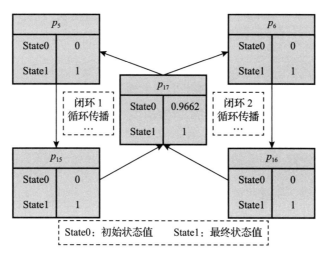

图 4-23 多闭环结构故障传播分析

采用闭环结构故障传播推理算法计算更新各回路中相关节点的状态值，经过一次迭代后，闭环 1 中节点 p_{17}、p_5、p_{15} 的状态值更新为 1，闭环 2 中的节点 p_{17}、p_6、p_{16} 的状态值更新为 1，经多次迭代后，多闭环系统稳定度 $\mathrm{Sta}(\sigma)=1$，且变迁序列可发生度 $\mathrm{Occ}(\sigma)=10^{-6}$，因此有 $\mathrm{Sta}(\sigma)>\mathrm{Occ}(\sigma)$。

通过分析实验①、②结果可知，采用闭环结构故障传播推理算法可准确获取受故障节点影响的所有闭环路径，且与系统实际闭环传播路径一致。在系统闭环控制结构中，任何组件出现故障或不正常均会导致其所在的闭环结构内的节点受到影响，故障会持续传播和积累，直到闭环结构中所有节点完全失效，符合实际传播情况。

4.5.3 飞行控制系统故障传播模型

民用飞机飞行控制系统一般包括：偏航操纵子系统、横滚操纵子系统和俯仰操作子系统三个子系统。

（1）偏航操纵子系统

偏航操纵子系统通过操纵方向舵来控制飞机偏航运行，一般包括：计算机控制模块、电源模块、跳开关模块、指令控制模块、继电器模块、液压伺服模块、伺服作动模块和电子仪表显示模块等几部分。

（2）横滚操纵子系统

横滚操纵子系统通过操纵副翼和扰流板来控制飞机横滚运行，一般包括：计算机控制模块、电源模块、跳开关模块、指令控制模块、继电器模块、液压伺服模块、伺服作动模块和电子仪表显示模块等几部分。

（3）俯仰操作子系统

俯仰操作子系统通过操纵升降舵和水平安定面来控制飞机俯仰运行，一般包括：计算机控制模块、电源模块、跳开关模块、指令控制模块、继电器模块、液压伺服模块、伺服作动模块和电子仪表显示模块等几部分。

4.5.3.1 基于有向图的飞行控制系统故障传播模型

（1）飞机偏航操纵子系统故障传播有向图模型

以 A320 飞机偏航操纵子系统为例，构建故障传播有向图模型用于描述整个子系统组件间的耦合关系以及表征整个网络的拓扑结构特性，如图 4-24 所示。

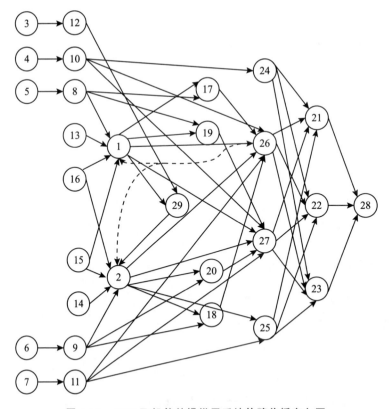

图 4-24　A320 飞机偏航操纵子系统故障传播有向图

图 4-24 中每个节点对应组件标号及名称如表 4-15 所示。

表 4-15　A320 飞机偏航操纵子系统故障传播有向图模型节点定义

子系统名称	功能模块名称	节点	组件名称
偏航操纵子系统	计算机控制模块	1	FAC1
		2	FAC2
	电源模块	3	汇流条 206PP
		4	汇流条 431XP
		5	汇流条 801PP
		6	汇流条 206PP
		7	汇流条 231XP
	跳开关模块	8	FAC1 供电跳开关
		9	FAC2 供电跳开关
		10	偏航阻尼作动筒 1 供电跳开关
		11	偏航阻尼作动筒 2 供电跳开关
		12	供电跳开关
	指令控制模块	13	FAC1 面板控制按钮
		14	FAC2 面板控制按钮
		15	方向舵配平复位按钮
		16	方向舵配平旋钮
	继电器模块	17	方向舵配平继电器 1
		18	方向舵配平继电器 2
		19	方向舵行程限制继电器 1
		20	方向舵行程限制继电器 2
	液压伺服模块	21	G 绿液压伺服机构
		22	B 蓝液压伺服机构
		23	Y 黄液压伺服机构

表4-15(续)

子系统名称	功能模块名称	节点	组件名称
偏航操纵子系统	伺服作动模块	24	偏航阻尼作动筒1
		25	偏航阻尼作动筒2
		26	方向舵配平作动筒
		27	方向舵行程限制作动筒
		28	方向舵伺服控制单元
	电子仪表显示模块	29	电子仪表系统

（2）飞机横滚操纵子系统故障传播有向图模型

以 A320 飞机横滚操纵子系统为例，构建故障传播有向图模型用于描述整个子系统组件间的耦合关系以及表征整个网络的拓扑结构特性，如图 4-25 所示。

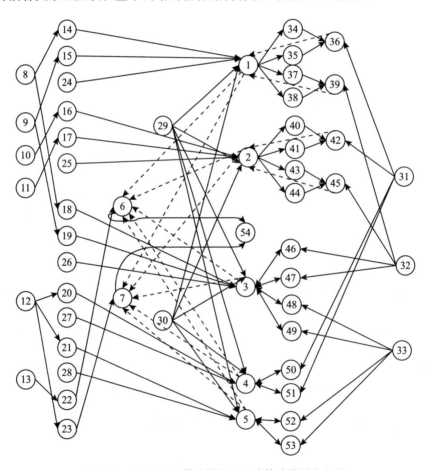

图 4-25 A320 飞机横滚操纵子系统故障传播有向图

图 4-25 中每个节点对应组件标号及名称如表 4-16 所示。

表 4-16　A320 飞机横滚操纵子系统故障传播有向图模型节点定义

子系统名称	功能模块名称	节点	组件名称
横滚操纵子系统	计算机控制模块	1	ELAC1
		2	ELAC2
		3	SEC1
		4	SEC2
		5	SEC3
		6	飞行控制数据集中器 1
		7	飞行控制数据集中器 2
	电源模块	8	汇流条 401PP
		9	汇流条 703PP
		10	汇流条 202PP
		11	汇流条 704PP
		12	汇流条 204PP
		13	汇流条 801PP
	跳开关模块	14	ELAC1 正常供电的跳开关
		15	ELAC1 备用供电的跳开关
		16	ELAC2 正常供电的跳开关
		17	ELAC2 备用供电的跳开关
		18	SEC1 正常供电的跳开关
		19	SEC1 备用供电的跳开关
		20	SEC2 供电的跳开关
		21	SEC3 供电的跳开关
		22	飞行控制数据集中器 1 供电的跳开关
		23	飞行控制数据集中器 2 供电的跳开关

表4-16(续)

子系统名称	功能模块名称	节点	组件名称
横滚操纵子系统	指令控制模块	24	ELAC1 面板控制按钮
		25	ELAC2 面板控制按钮
		26	SEC1 面板控制按钮
		27	SEC2 面板控制按钮
		28	SEC3 面板控制按钮
		29	机长侧杆横滚指令传感单元
		30	副驾驶侧杆横滚指令传感单元
	液压伺服模块	31	G 绿液压伺服机构
		32	B 蓝液压伺服机构
		33	Y 黄液压伺服机构
	伺服作动模块	34	右侧副翼绿液压伺服单元的伺服阀
		35	右侧副翼绿液压伺服单元的伺服阀
		36	右侧副翼绿液压伺服单元
		37	左侧副翼蓝液压伺服单元的伺服阀
		38	左侧副翼蓝液压伺服单元的伺服阀
		39	左侧副翼蓝液压伺服单元
		40	左侧副翼绿液压伺服单元的伺服阀
		41	左侧副翼绿液压伺服单元的伺服阀
		42	左侧副翼绿液压伺服单元
		43	右侧副翼蓝液压伺服单元的伺服阀
		44	右侧副翼蓝液压伺服单元的伺服阀
		45	右侧副翼蓝液压伺服单元
		46	左侧 3 号扰流板伺服单元
		47	右侧 3 号扰流板伺服单元
		48	左侧 4 号扰流板伺服单元

表4-16(续)

子系统名称	功能模块名称	节点	组件名称
横滚操纵子系统	伺服作动模块	49	右侧 4 号扰流板伺服单元
		50	左侧 5 号扰流板伺服单元
		51	右侧 5 号扰流板伺服单元
		52	左侧 2 号扰流板伺服单元
		53	右侧 2 号扰流板伺服单元
	电子仪表显示模块	54	电子仪表系统

（3）飞机俯仰操纵子系统故障传播有向图模型

以 A320 飞机俯仰操纵子系统为例，构建故障传播有向图模型用于描述整个子系统组件间的耦合关系以及表征整个网络的拓扑结构特性，如图 4-26 所示。

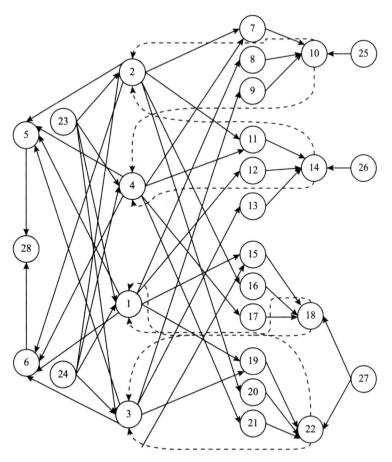

图 4-26　A320 飞机俯仰操纵子系统故障传播有向图

图 4-26 中每个节点对应的组件标号及名称如表 4-17 所示。

表 4-17　A320 飞机俯仰操纵子系统故障传播有向图模型节点的定义

子系统名称	功能模块名称	节点	组件名称
俯仰操纵子系统	计算机控制模块	1	ELAC1
		2	ELAC2
		3	SEC1
		4	SEC2
		5	飞行控制数据集中器 1
		6	飞行控制数据集中器 2
	伺服作动模块	7	左侧升降舵绿液压伺服单元伺服阀
		8	左侧升降舵绿液压伺服单元电磁阀 1
		9	左侧升降舵绿液压伺服单元电磁阀 2
		10	左侧升降舵绿液压伺服单元
		11	右侧升降舵黄液压伺服单元伺服阀
		12	右侧升降舵黄液压伺服单元电磁阀 1
		13	右侧升降舵黄液压伺服单元电磁阀 2
		14	右侧升降舵黄液压伺服单元
		15	左侧升降舵蓝液压伺服单元伺服阀
		16	左侧升降舵蓝液压伺服单元电磁阀 1
		17	左侧升降舵蓝液压伺服单元电磁阀 2
		18	左侧升降舵蓝液压伺服单元
		19	右侧升降舵蓝液压伺服单元伺服阀
		20	右侧升降舵蓝液压伺服单元电磁阀 1
		21	右侧升降舵蓝液压伺服单元电磁阀 2
		22	右侧升降舵蓝液压伺服单元
	指令控制模块	23	机长侧杆俯仰指令传感单元
		24	副驾驶侧杆俯仰指令传感单元
	液压伺服模块	25	G 绿液压伺服机构
		26	Y 黄液压伺服机构
		27	B 蓝液压伺服机构
	电子仪表显示模块	28	电子仪表系统

4.5.3.2　基于改进 FPPN 的飞行控制系统故障传播模型

（1）飞机偏航操纵子系统故障传播 FPPN 模型

以 A320 飞机偏航操纵子系统故障传播有向图模型为基础，结合 4.5.2 节相关技术内容可以构建 A320 飞机偏航操纵子系统故障传播 FPPN 模型，如图 4-27 所示，其中模型节点定义与表 4-15 一致。

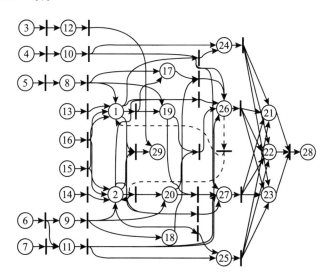

图 4-27　A320 飞机偏航操纵子系统故障传播 FPPN 模型

（2）飞机横滚操纵子系统故障传播 FPPN 模型

以 A320 飞机横滚操纵子系统故障传播有向图模型为基础，结合 4.5.2 节相关技术内容可以构建 A320 飞机横滚操纵子系统故障传播 FPPN 模型，如图 4-28 所示，其中模型节点定义与表 4-16 一致。

（3）飞机俯仰操纵子系统故障传播 FPPN 模型

以 A320 飞机俯仰操纵子系统故障传播有向图模型为基础，结合 4.5.2 节相关技术内容可以构建 A320 飞机俯仰操纵子系统故障传播 FPPN 模型，如图 4-29 所示，其中模型节点定义与表 4-17 一致。

获取飞机偏航操纵子系统故障传播 FPPN 模型、飞机横滚操纵子系统故障传播 FPPN 模型、飞机俯仰操纵子系统故障传播 FPPN 模型之后，可以有效挖掘出高扩散强度故障传播路径的关键传播节点，即找到 FCS 中存在的脆弱点。

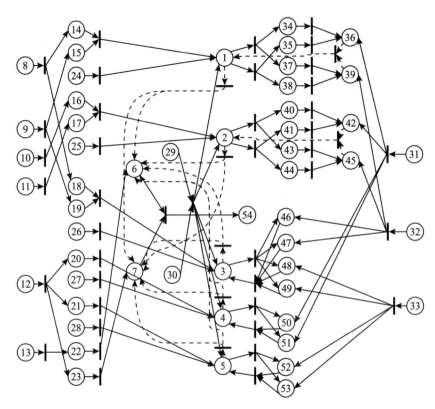

图 4-28 A320 飞机横滚操纵子系统故障传播 FPPN 模型

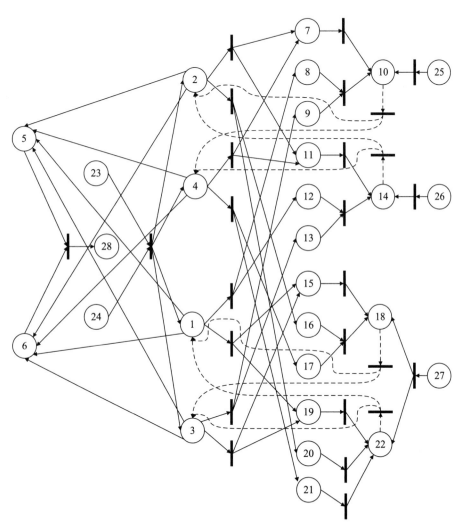

图 4-29　A320 飞机俯仰操纵子系统故障传播 FPPN 模型

参考文献

[1] 郝晓辉，孙蛟，吴超. 国外机载维护系统架构发展概述[J]. 测控技术，2019，38（12）：1-11.

[2] Airbus. Airman[OB/OL]. https：//w3. airbus. com/crs/A233/Redirection _ files/AIRMAN _ web _ access. aw. html.

[3] The Boeing Company. Airplane health management[OB/OL]. http：//www. boeing. com/resources/boeingdotcom/commercial/services/assets/brochure/airplanehealthmanagement. pdf.

[4] 张崇刚. 客户化 ACMS 事件报文软件的设计[J]. 航空计算技术，2018，48（05）：106-109.

[5] 赵瑞云. 民用飞机机载维护系统的中央维护功能[J]. 中国民航大学学报，2008（05）：39-42.

[6] 李伟，宋剑，罗俊. 基于 QAR 数据的 A320 系列飞机空调组件流量监控[J]. 航空维修与工程，2020（07）：71-76.

[7] Aeronautical Radio Inc. Design guidance for onboard maintenance system：ARINC characteristic 624-1 [S]. Aeronautical Radio Inc. 1993.

[8] Airbus. Aircraft maintenance manual：A330 [S]. Airbus 2024.

[9] Airbus. Line maintenance for A350 [S]. Airbus 2024

[10] The Boeing Company. Aircraft maintenance manual：B747 [S]. The Boeing Company，2008.

[11] The Boeing Company. Aircraft maintenance manual：B787 [S]. The Boeing Company，2018.

[12] 陈予恕，张华彪. 航空发动机整机动力学研究进展与展望[J]. 航空学报，2011，32

(08)：1371-1391.

[13] 王妙香，李东海.CFM56-7B 发动机非包容性故障分析[J]. 航空维修与工程，2018 (06)：23-24.

[14] Abdul-Aziz A，Woike M R，Oza N C，et al. Propulsion health monitoring of a turbine engine disk using spin test data [C]. SPIE Smart Structures and Materials & Nondestructive Evaluation and Health Monitoring，San Diego，CA，7-11 March 2010.

[15] Abdul-Aziz A，Woike M R，Oza N C，et al. Rotor health monitoring combining spin tests and data-driven anomaly detection methods [J]. Struct Health Monit，2011，11(1)：3-12.

[16] Choi S W，Lee C，Lee J M，et al. Fault detection and identification of nonlinear processes based on kernel PCA [J]. Chemometr Intell Lab，2005，75(1)：55-67.

[17] Liao W Z，Pizurica A，Philips W，et al. A fast iterative kernel PCA feature extraction for hyperspectral images [C]. 17th IEEE International Conference on Image Processing (ICIP)，Hong Kong，China，26-29 September 2010. New York：IEEE.

[18] Ni J，Zhang C，Yang S X. An adaptive approach based on KPCA and SVM for real-time fault diagnosis of HVCBs [J]. IEEE T Power Deliver，2011，26(3)：1960-1971.

[19] Gertler J，Jin C. PCA-based fault diagnosis in the presence of control and dynamics [J]. Aiche J 2004；50(50)：388-402.

[20] Yin S，Ding S X，Xie X，et al. A review on basic data-driven approaches for industrial process monitoring [J]. IEEE T Ind Electron，2014，61(11)：6418-6428.

[21] Lee J M，Yoo C K，Sang W C，et al. Nonlinear process monitoring using kernel principal component analysis [J]. Chem Eng Sci，2004，59(1)：223-234.

[22] Li W，Yue H H，Valle-Cervantes S，et al. Recursive PCA for adaptive process

monitoring [J]. J Process Contr, 2000, 10(5): 471-486.

[23] Bakhsh F A and Maghooli K. Missing data analysis: a survey on the effect of different k-means clustering algorithms [J]. Am J Signal Process, 2014, 4(3): 65-70.

[24] Oza N, Abdul-Aziz A, Woike M R. Disk defect data [EB/OL]. NASA Glenn Research Center, 2011, https: //c3. nasa. gov/dashlink/resources/314.

[25] Chang C C, Lin C J. LIBSVM: a library for support vector machines [J]. ACM Trans Intell Syst Technol, 2011; 2(3): 389-396.

[26] Xie X, Shi H. Dynamic multimode process modeling and monitoring using adaptive Gaussian mixture models [J]. Ind Eng Chem Res, 2012; 51(15): 5497-5505.

[27] Reynolds D. Gaussian mixture models, Encyclopedia of biometrics [M]. New York: Springer Science + Business Media, 2015.

[28] Li L S, Hansman R J, Palacios R, et al. Anomaly detection via a Gaussian mixture model for flight operation and safety monitoring [J]. Transport Res C: Emer 2016, 64: 45-57.

[29] Zhang Y, Bingham C, Martinez-Garcia M, et al. Detection of emerging faults on industrial gas turbines using extended Gaussian mixture models [Z]. Int J Rotat, Mach 2017; 2017: 5435794.

[30] Vila J P and Schniter P. Expectation-maximization Gaussian-mixture approximate message passing [J]. IEEE T Signal Proces, 2013, 61(19): 4658-4672.

[31] Zhang K K, Gonzalez R, Huang B, et al. Expectation-maximization approach to fault diagnosis with missing data [J]. IEEE T Ind Electron, 2015, 62(2): 1231-1240.

[32] Yu J. A new fault diagnosis method of multimode processes using Bayesian inference based Gaussian mixture contribution decomposition [J]. Eng Appl Artif Intel, 2013; 26(1): 456-466.

[33] Jiang X D, Zhao H T, Jin B. Multimode process monitoring based on sparse

principal component selection and Bayesian inference-based probability [J]. Math Probl Eng，2015(1)：465372-1-465372-13.

[34] Wang B，Qiu W，Hu X，Wang W. A rolling bearing fault diagnosis technique based on recurrence quantification analysis and Bayesian optimization SVM[J]. Applied Soft Computing，2024，156，111506.

[35] Zhou H M，Deng Z H，Xia Y Q，et al. A new sampling method in particle filter based on Pearson correlation coefficient [J]. Neurocomputing，2016，216：208-215.

[36] Qiao G，et al. A review of electromechanical actuators for more/all electric aircraft systems[J]. Proceedings of the Institution of Mechanical Engineers，Part C：Journal of Mechanical Engineering Science，2018，232(22)：4128-4151.

[37] 唐黎伟. 基于循环神经网络的电动舵机故障诊断方法研究[D]. 中国民航大学，2022.

[38] Abed W R，Sharma S K，Sutton R. Fault diagnosis of brushless DC motor for an aircraft actuator using a neural wavelet network [C]. IET Conference on Control and Automation：Uniting Problems and Solutions，Birmingham，America，2013：1-6.

[39] Balaban E，et al. Experimental data collection and modeling for nominal and fault conditions on electro-mechanical actuators[C]. 2009 PHM Annual Conference of the Prognostics and Health Management Society，2009：1-15.

[40] Balaban E，Bansal P，Stoelting P，et al. A diagnostic approach for electro-mechanical actuators in aerospace systems[C]. IEEE Aerospace Conference，2010：1-13.

[41] Qin Y，Song D J，Cheng H F，et al. A dual-stage attention-based recurrent neural network for time series prediction[C]. International Joint Conference on Artificial Intelligence (IJCAI). AAAI Press，2017：2627-2633.

[42] Feng S，Feng Y. A dual-staged attention based conversion-gated long short term memory for multivariable time series prediction[J]. IEEE Access，2022，10：368-379.

[43] Balaban E，Saxena A，Narasimhan S，et al. Prognostic health-management system

development for electromechanical actuators[J]. Journal of Aerospace Information Systems，2015，12(3)：329-344.

[44] Bahdanau D，Cho K H，Bengio Y. Neural machine translation by jointly learning to align and translate[C]. 3rd International Conference on Learning Representations，ICLR 2015，2015.

[45] Du S D，Li T R，Yang Y，et al. Multivariate time series forecasting via attention-based encoder-decoder framework[J]. Neurocomputing，2020，388：269-279.

[46] Cleveland R B，Cleveland W S，et al. STL：A seasonal-trend decomposition[J]. Journal of Official Statistics，1990，6(1)：3-73.

[47] L Qin，W Li，Li S. Effective passenger flow forecasting using STL and ESN based on two improvement strategies[J]. Neurocomputing，2019，356(12)：244-256.

[48] 贺琪，查铖，宋巍，等. 基于 STL 的海表面温度预测算法[J]. 海洋环境科学，2020，39(6)：918-925.

[49] 刘莉，王彦博，庞新富，等. 基于 STL 模型的月售电量综合预测方法[J]. 控制工程，2020，27(11)：1930-1936.

[50] 魏大千，王波，刘涤尘，等. 基于时序数据相关性挖掘的 WAMS/SCADA 数据融合方法[J]. 高电压技术，2016，42(01)：315-320.

[51] Ji Y，et al. An RUL prediction approach for lithium-ion battery based on SADE-MESN[J]. Applied Soft Computing Journal，2021，104(9)：107195-107196.

[52] Liu Y，et al. DSTP-RNN：A dual-stage two-phase attention-based recurrent neural network for long-term and multivariate time series prediction[J]. Expert Systems With Applications，2020，143(12)：113082-113084.

[53] 董治强. 基于 DTW-FCBF-LSTM 模型的超短期风速预测[J]. 电测与仪表，2020，57(4)：93-98.

[54] Li T，Wu X，Zhang J. Time series clustering model based on DTW for classifying car parks[J]. Algorithms，2020，13(3)：57-57.

[55] Jeong Y，Jeong M，Omitaomu O. Weighted dynamic time warping for time series

classification[J]. Pattern Recognition：The Journal of the Pattern Recognition Society，2011，44(9)：2231-2240.

[56] 张新慧. 大型民用飞机飞行控制系统架构发展趋势[J]. 航空兵器，2020，27(6)：13-18.

[57] 李杉. 2020 年国内民航飞机运行情况及典型技术问题分析[J]. 航空维修与工程，2021，(09)：20-22.

[58] Mikolov T，Sutskever I，Chen K，et al. Distributed representations of words and phrases and their compositionality[J]. Advances in Neural Information Processing Systems，2013，26：1-9.

[59] Liu W，Xu T，Xu Q，et al. An encoding strategy based word-character LSTM for Chinese NER[C]//Proceedings of the 2019 Conference of the North American Chapter of the Association for Computational Linguistics：Human Language Technologies，Volume 1 (Long and Short Papers). 2019：2379-2389.

[60] Panchendrarajan R，Amaresan A. Bidirectional LSTM-CRF for named entity recognition[C]//Proceedings of the 32nd Pacific Asia Conference on Language，Information and Computation，2018：531-540.

[61] Yang G，Xu H. A residual BiLSTM model for named entity recognition[J]. IEEE Access，2020，8：227710-227718.

[62] Zhang X，Zhao R，Qiao Y，et al. 2020. RBF-Softmax：Learning deep representative prototypes with radial basis function softmax [C]. Computer Vision - ECCV 2020：16th European Conference，Glasgow，UK，August 23-28，2020.

[63] Zhao Z，Chen Z，Liu J，et al. 2019. Chinese named entity recognition in power domain based on Bi-LSTM-CRF [C]//In Proceedings of the 2nd International Conference on Artificial Intelligence and Pattern Recognition (AIPR'19). Association for Computing Machinery，176-180. https：//doi. org/10. 1145/3357254. 3357283

[64] Pennington J，Socher R，Manning C D. Glove：Global vectors for word representation[C]. Proceedings of the 2014 conference on empirical methods in

natural language processing（EMNLP），October 2014，Doha，Qatar. 2014：1532-1543.

［65］Zhang L，Xiang F. Relation classification via BiLSTM-CNN［C］. Data Mining and Big Data：Third International Conference，DMBD 2018，Shanghai，China，June 17-22，2018，Proceedings 3. Springer International Publishing，2018：373-382.

［66］Zhang Y，Qi P，Manning C D. Graph convolution over pruned dependency trees improves relation extraction［C］//Proceedings of the 2018 Conference on Empirical Methods in Natural Language Processing. Association for Computational Linguistics，October-November，2018，Brussels，Belgium：Association for Computational Linguistics，2018：2205-2215.

［67］Kipf T N，Welling M. Semi-supervised classification with graph convolutional networks［C］. International Conference on Learning Representations，April 24-26，2017，Toulon，France.

［68］Tian Y，Chen G，Song Y，et al. Dependency-driven relation extraction with attentive graph convolutional networks［C］//Proceedings of the 59th Annual Meeting of the Association for Computational Linguistics and the 11th International Joint Conference on Natural Language Processing（Volume 1：Long Papers），August 2021，4458-4471.

［69］Li Z，Sun Y，Zhu J，et al. Improve relation extraction with dual attention-guided graph convolutional networks［J］. Neural Computing and Applications，2021，33：1773-1784.

［70］Chen J，Xu X，Zhang X. Radial basis function attention for named entity recognition［J］. ACM Transactions on Asian and Low-Resource Language Information Processing，2022，22（1）：1-18.

［71］刘万军，梁雪剑，曲海成. 不同池化模型的卷积神经网络学习性能研究［J］. 中国图象图形学报，2016，21（9）：13.

［72］Zhang Y，Guo Z，Lu W. Attention guided graph convolutional networks for relation extraction［C］．Proceedings of the 57th Annual Meeting of the Association for Computational Linguistics，July 2019，Florence，Italy：Association for Computational Linguistics，2019：241-251.

［73］ Feng F，Yang Y，Cer D，et al．Language-agnostic BERT sentence embedding［C］．Proceedings of the 60th Annual Meeting of the Association for Computational Linguistics（Volume 1：Long Papers），May 2022，Dublin，Ireland：2022，878-891.

［74］ Li Y，Yu R，Shahabi C，et al．Diffusion convolutional recurrent neural network：data-driven traffic forecasting ［C］．International Conference on Learning Representations（ICLR 2018），April 30 - May 3，2018.

［75］ Wu S，He Y．Enriching pre-trained language model with entity information for relation classification［C］．Proceedings of the 28th ACM international conference on information and knowledge management，November 3-7，2019，Beijing，China：Association for Computing Machinery．2019：2361-2364.

［76］ 陈宗基，张平．民机飞控系统设计的理论与方法［M］．上海：上海交通大学出版社，2015.

［77］ 周蜜．A320 飞机电传操纵系统概述［J］．中国科技信息，2016(12)：34-35＋17.

［78］ 王国庆，谷青范，王淼，等．新一代综合化航空电子系统构架技术研究［J］．航空学报，2014，35(06)：1473-1486.

［79］ 康文文，李浩敏．基于模型的飞机系统架构多视图表达方法［J］．系统工程与电子技术，2021，43(11)：3266-3277.

［80］ 马亮，彭开香，董洁．工业过程故障根源诊断与传播路径识别技术综述［J］．自动化学报，2020，48(07)：1650.

［81］ 阎芳，向晨阳，董磊，等．DIMA 架构下飞机全电刹车系统故障传播行为分析与评估［J］．航空学报，2021，42(09)：445-461.

［82］ Han J，Liu X，Gao X，et al．Intermediate observer-based robust distributed fault estimation for nonlinear multiagent systems with directed graphs ［J］．IEEE Transactions on Industrial Informatics，2019，16(12)：7426-7436.

［83］ Nebel B. On the computational complexity of multi-agent pathfinding on directed graphs ［C］. Proceedings of the International Conference on Automated Planning and Scheduling. 2020，30：212-216.

［84］ Wang W，Cai K，Du W，et al. Analysis of the Chinese railway system as a complex network［J］. Chaos，Solitons & Fractals，2020，130：109408.

［85］ Abdullah G，Hassan Z A H. Using of particle swarm optimization（PSO）to addressed reliability allocation of complex network［C］. Journal of Physics：Conference Series. IOP Publishing，2020，1664(1)：012125.

［86］ Jia G L，Ma R G，Hu Z H. Urban transit network properties evaluation and optimization based on complex network theory［J］. Sustainability，2019，11 (7)：2007.

［87］ Shang Q，Deng Y，Cheong K H. Identifying influential nodes in complex networks：Effective distance gravity model［J］. Information Sciences，2021，577：162-179.

［88］ Li K，Tu L，Chai L. Ensemble-model-based link prediction of complex networks［J］. Computer Networks，2020，166：106978.

［89］ Jiang W，Zhou K Q，Sarkheyli-Hgele A，et al. Modeling，reasoning，and application of fuzzy Petri net model：a survey［J］. Artificial Intelligence Review，2022，55(8)：6567-6605.

［90］ Kiaei I，Lotfifard S. Fault section identification in smart distribution systems using multi-source data based on fuzzy Petri nets［J］. IEEE Transactions on Smart Grid，2019，11(1)：74-83.

［91］ Bobryakov A V，Prokopenko S A，Misnik A E，et al. Modeling of industrial and technological processes in complex systems based on neuro-fuzzy Petri nets［C］// Journal of Physics：Conference Series. IOP Publishing，2021，2096(1)：012173.

［92］ Yu L，Liu Q，Hua R，et al. Risk analysis of cash on delivery payment method by social network analysis and fuzzy Petri net ［J］. IEEE Access，2020，8：174160-174168.

［93］ Liu H C，Luan X，Lin W，et al. Grey reasoning Petri nets for large group knowledge representation and reasoning[J]. IEEE Transactions on Fuzzy Systems，2019，28(12)：3315-3329.

［94］ Shi H，Wang L，Li X Y，et al. A novel method for failure mode and effects analysis using fuzzy evidential reasoning and fuzzy Petri nets［J］. Journal of Ambient Intelligence and Humanized Computing，2020，11(6)：2381-2395.

［95］ Wang X，Lu F，Zhou M C，et al. A synergy-effect-incorporated fuzzy Petri net modeling paradigm with application in risk assessment[J]. Expert Systems with Applications，2022，199：117037.

［96］ Li W，He M，Sun Y，et al. A novel layered fuzzy Petri nets modelling and reasoning method for process equipment failure risk assessment[J]. Journal of Loss Prevention in the Process Industries，2019，62：103953.

［97］ Cheng H，He Z，Wang Q，et al. Fault diagnosis method based on Petri nets considering service feature of information source devices［J］. Computers & Electrical Engineering，2015，46：1-13.

［98］ Li L，Xie Y，Cen L，et al. A novel cause analysis approach of grey reasoning Petri net based on matrix operations[J]. Applied Intelligence，2022，52(1)：1-18.